Lebensweise und wirtschaftliche Bedeutung
der
deutschen Seemöven

von

Dr. Hugo Weigold
Vogelwarte der Kgl. Biologischen Anstalt auf Helgoland

Sonderabdruck aus dem „Fischerboten" 1913

Mit 11 Abbildungen.

Hamburg
L. Friederichsen & Co.
(Dr. L. und R. Friederichsen)
1913

Lebensweise und wirtschaftliche Bedeutung

der

deutschen Seemöven

von

Dr. Hugo Weigold

Vogelwarte der Kgl. Biologischen Anstalt auf Helgoland

Sonderabdruck aus dem „Fischerboten" 1913

Mit 11 Abbildungen.

Hamburg

L. Friederichsen & Co.

(Dr. L. und R. Friederichsen)

1913

Inhalt.[1]

[1]) Das vorliegende kleine Werk ist ein durchgesehener und vervollständigter Nachdruck einer Artikelserie, welche im V. Jahrgang (1913) der Monatsschrift „Der Fischerbote" veröffentlicht wurde. Die Figur 6 auf Seite 16 ist vollständig erneuert und enthält die Eintragung aller bis zum 13. Oktober 1913 registrierten Beobachtungen.

Der Verlag.

Die Möven.

Gar mancher Seemann und Fischer betrachtet die Möven als seine Freunde und sieht den mit scheelen Augen an, der eine davon tötet, denn immer sind es diese Vögel, die ihn gleichsam mit dem Lande, der fernen Heimat, verbinden. Er sieht sie zu Hause am Deich, ebenso gut aber weit draußen auf hoher See, sie leisten ihm Gesellschaft, nehmen der öden unendlichen Salzflut durch ihr munteres Leben die traurige Stimmung und suchen ihn gerade in der Not, im Sturm auf, als wollten sie bei ihm Schutz suchen. So gönnt er ihnen gern, was er an Abfällen oder an unbrauchbarem Fang über Bord wirft.

Indessen fehlt es auch keineswegs an Leuten, die in den Möven nur die Nahrungskonkurrenten der nutzbaren Fische, die Vertilger von Fischbrut und Jungfischen erblicken, und die deshalb glauben, ihnen unter allen Umständen den Krieg erklären zu sollen, die es für statthaft und nützlich halten, die Möven überall zu töten, wo sich die Möglichkeit dazu bietet, und die mit bedenklichem Kopfschütteln sehen, daß die Brutstätten und Eier einen gewissen Schutz genießen, der die Ausrottung verhindert.

Bei dieser Unsicherheit der Beurteilung und angesichts der großen Zahl, in der sich die Möven namentlich in den Küstengewässern finden, muß der Wunsch rege werden, etwas Zuverlässiges über die Rolle zu erfahren, die diese Vögel in der Ökonomie des Meeres und der Küstengewässer spielen. Deshalb darf eine Zusammstellung dessen, was die Naturwissenschaft und namentlich die neuere biologische Forschung uns über diese Tiere zu sagen weiß, einiges Interesse beanspruchen.

Auf den deutschen Meeren kommen etwa 15 Arten von Möven vor, wovon aber ein großer Teil nur als Seltenheiten zu gelten hat. Da jede Art sehr verschiedene Jugend- und Alterskleider hat, scheint es hoffnungslos, sie unterscheiden zu lernen. So schlimm ist es aber doch nicht. Zunächst scheiden wir zwei der seltensten Arten aus, die gleichwohl jeder erkennen kann, wenn sie ihm einmal vor die Flinte kommen sollten. Man möge in solchem Falle den Vogel einem Museum oder dem Verfasser einsenden. Während alle anderen hellen Möven — die schwarzbraunen wollen wir erst später behandeln — einen abgerundeten Schwanz haben, ist die

Schwalbenschwanzmöve (Xema Sabinii Sab.)

durch den ziemlich tief ausgeschnittenen, die

Keilschwanzmöve oder Rosenmöve (Rhodostethia rosea Macgill.)

durch den keilförmig zugespitzten Schwanz gekennzeichnet. Die Rosenmöve hat rote Füße und schwarzen Schnabel, im Sommer ein schwarzes, schmales Halsband, die Schwalbenmöve schwarze Füße, hinten schwarzen, vorn rotgelben Schnabel, im Sommer einen schwarzgrauen Kopf. Beide sind etwas kleiner als die Lachmöve, dieser sonst ähnlich und leben auch so. Die Jungen sind gefleckt. Beide Arten sind hochnordisch, und nur wenige Exemplare ſind auf der Nordſee, meiſt auf Helgoland, vorgekommen. Wirtſchaftlich ſind ſie gleichgültig, wiſſenſchaftlich aber hochintereſſant.

Um die anderen Arten kennen zu lernen, bedarf es einiger Anhalts- und Vergleichspunkte, die wir von den bekannten Arten nehmen müſſen. Jeder Seefahrer kennt die Möven, die man ſtändig an der Elbmündung ſieht: die größte mit ſchwarzem Rücken und ſchwarzen Flügeln (Fig. 1i), die Mantelmöve (Larus marinus L.), die etwas kleinere häufigſte, wie alle anderen blaugraurückige und -flügelige Silbermöve (Fig. 1g) (Larus argentatus Brünn.), die ihr ſo ähnliche aber bedeutend kleinere und elegantere Sturmmöve (Fig. 1f) (Larus canus L.) und die kleinſte allbekannte Lachmöve (Fig. 1c und d) (Larus ridibundus L.), die man an der Alſter und ſogar im Binnenlande überall ſieht. Scheiden wir nun erſtmal die Arten, reſp. die Kleider aus, die am müheloſeſten zu erkennen ſind:

Hat eine ſonſt helle Möve einen ſchwarzen oder ſchwarzbraunen Kopf, was nur im Frühjahr und Sommer bei den Alten der Fall iſt, ſo iſt es gewöhnlich die Lachmöve (Fig. 1c); iſt ſie auffallend kleiner als dieſe, aber auch mit roten Beinen,

Fig. 1. Möven im Alterskleid.

a u. b) Zwergmöve, Winter, Sommer; c u. d) Lachmöve, Kopf im Sommer, Winter; e) Dreizehenmöve, zu groß; f) Sturmmöve, erſcheint etwas zu klein; g) Silbermöve
h) Heringsmöve
i) Mantelmöve
k) Große Eismöve

ſo iſt es die viel ſeltenere Zwergmöve (Fig. 1a), ſollte ſie gar ſchwarze Beine haben, ſo iſt es die überaus ſeltene Schwalbenſchwanzmöve, und iſt ſie gar ſo groß wie eine Silbermöve, ſo ſchicke man ſie nur gleich an ein Muſeum, denn dann iſt es ein Gaſt vom Kaſpiſchen Meer. Alle andern Möven haben mehr oder minder helle Köpfe.

Iſt eine Möve ganz weiß, ſelbſt an den Flügelſpitzen, dann gehört ſie auch ſofort ins nächſte Muſeum, dann iſt es die hochnordiſche Elfenbeinmöve (Pagophila eburnea Phipps). Natürlich äußerſt ſelten.

Iſt eine Möve zwar nicht ganz weiß, aber ohne jedes Schwarz an den Flügelſpitzen, wie es doch ſonſt jede Möve hat, ſo kann es nur eine Eismöve ſein, entweder die große (Fig. 1k) (Larus glaucus Brünn), die der Mantelmöve, oder die kleine, auch Polarmöve genannt (Larus leucopterus Faber), die der Silbermöve an Größe gleicht. Beide sehen sonst weiß und hellblaugrau aus, in der Jugend ähnlich wie unsere jungen Möven braungefleckt, aber auffallend viel heller, geradezu blaßgelblichbraun. Auch diese Möven sind an der deutschen Bucht noch recht selten und werden, zumal die kleineren, gern in Museen genommen, auch die bloße Meldung von ihren Beobachtungen ist willkommen. Im Norden ist sie natürlich häufiger.

Ist eine Möve auf dem Rücken und der Oberseite der Flügel schwarz, so kann es sich nur um die große Mantelmöve (Fig. 1 i) oder die kleinere, elegantere, der Silbermöve an Größe gleichkommende Heringsmöve (Fig. 1 h) (Larus fuscus L.) handeln, in beiden Fällen um alte Exemplare. Von weitem sind beide schwer zu unterscheiden, doch ist die Heringsmöve an den deutschen Nordseeküsten viel weniger zu sehen als die Mantelmöve, auf der Ostsee allerdings ist sie wohl häufiger als diese. In der Nähe ist die Heringsmöve an ihren hochgelben Füßen — die der Mantelmöve sind fleischfarbig — und an ihrer schlankeren langflügligen Gestalt mit Sicherheit zu unterscheiden.

Nun wird die Sache aber schwierig. Jetzt kommen die vielen blaugrauen

Fig. 2. Möven im Jugendkleid.

a) Zwergmöve b) Lachmöve c) Dreizehenmöve d) Sturmmöve e) Silbermöve f) Mantelmöve g) Kleine Eismöve h) Große Eismöve

Möven, die es in allen Größen gibt, zumal im Winter. Ausgeschieden haben wir schon die Eismöven, weil sie nicht wie alle andern schwarze Flügelspitzen haben. Ausgeschieden haben wir ferner für den Frühling und Sommer die dann schwarzköpfigen Lach- und Zwergmöven und die immer an ihren Schwingen kenntlichen Schwalben- und Rosenmöven.

Die bekannteste und häufigste aller Nordseemöven, die Silbermöve, ist die größte.[1])

Der Silbermöve ähnlich, aber doch bedeutend kleiner, schlanker, eleganter, länger geflügelt, ist die ebenfalls im Winter überaus häufige Sturmmöve (Fig. 1 f), die wir im Sommer an der Ostsee häufig, an der Nordsee selten, im Winter überall sehr häufig

---

[1]) Sollte man eine solche schießen, deren Blaugrau des Rückens und der Flügel merkwürdig dunkel, schiefergrau ist, so schicke man sie ein, es könnte vielleicht eine Sibirische Silbermöve sein, die auf Helgoland zweimal vorgekommen ist.

finden. Ihr Schnabel ist viel schlanker und hat nicht den roten Fleck am Unterkiefer wie der der Silbermöve, die Stimme ist höher piepsend.

Die Jungen aller dieser vier Arten von Mantel- bis Sturmmöve sind ganz anders gefärbt wie die alten; alle sind sie graubraun gefleckt (Fig. 2d, e und f); es sind die bekannten „grauen" Möven, die auch am leichtesten zu schießen und sehr zahlreich sind. Zu unterscheiden sind sie sehr schwer. Die der Sturmmöve, also die kleinsten, sind zwar viel heller und daher leicht herauszukennen; die andern drei Arten kann man aber nur nach der Größe im Vergleich zu ihren ausgefärbten Genossen bestimmen. Da die Möven erst im dritten Jahre geschlechtsreif werden und ausgefärbt sind, gibt es natürlich auch noch alle Übergänge zu den Alterskleidern. Bis zur Reife bummeln diese Jungtiere überall umher und stellen jene Möven, die man nebst einigen alten unbeweibten Hagestolzen in der Brutzeit — Mai bis Juli — auch überall dort sieht, wo es gar keine Laichplätze gibt.

Der Größe nach folgt jetzt als Blaumantel die Dreizehen- oder Wintermöve (Rissa tridactyla (L.) (Fig. 1e), die, im Norden erbrütet, nur im Winter bei uns ist und fast stets nur auf hoher See angetroffen wird, wo sie in Massen an die Fischerfahrzeuge herankommt und ganz zutraulich ist (daher auch Fischermöve genannt.) Sie steht an Größe zwischen Sturm- und Lachmöve und könnte im Alterskleide mit beiden verwechselt werden; doch hat die Sturmmöve gelbliche, die Dreizehenmöve schwarze, die Lachmöve rote Füße. Dreizehen- und Lachmöven haben im Winterkleid einen schwärzlichen Fleck am Ohr, der der Sturmmöve immer fehlt, doch hat die Lachmöve stets einen roten, die Dreizehenmöve einen gelben oder (in der Jugend) schwärzlichen Schnabel. Die jungen Dreizehenmöven unterscheiden sich von den alten durch die schwarzen Flügelbinden.

(Sollte man eine solche junge Möve mit hochroten Füßen finden, so sende man sie ein, es kann eine Abnormität oder gar die schon mal vorgekommene amerikanische Bonapartes Möve (Larus philadelphia Ord.) sein.)

Die Lachmöve (Fig. 1c u. d) ist etwas kleiner als die Dreizehenmöve, ihr im Winterkleid (Sommerkleid: schwarzköpfig) einigermaßen ähnlich; doch hat sie wie gesagt, rote Beine und Schnabel. Ein sicheres Kennzeichen, das nur sie hat und von weitem sichtbar ist, ist auch der weiße Flügelbug; der Flügel hat also vorn einen breiten weißen Saum abgesetzt von dem Blaugrau des übrigen Flügels. Vor allem aber geht die Lachmöve — besonders im Winter — nicht gern auf die hohe See; man trifft sie z. B. gewöhnlich innerhalb Feuerschiff Elbe III und im Winter nur selten bei Helgoland. Sie hält sich an die Küste und ersetzt dort die Dreizehenmöve.

Schließlich bleibt nur noch die kleinste aller Möven, die Zwergmöve (Larus minutus Pall.) (Fig. 1a u. b). Sie ist auch die seltenste von allen deutschen Brutmöven. Man trifft sie auf der Nordsee nur zu den Zugzeiten, im Frühjahr und Herbst, dann meist in kleineren Trupps auf hoher See. Durch ihre Kleinheit und ihren unruhigen, überaus gewandten Flug erinnert sie sehr an Seeschwalben, ohne doch den Mövenhabitus zu verlieren. Ein sicheres Kennzeichen ist die schwärzliche Unterseite der Flügel, was nur sie hat. Die Jungen (Fig. 2a) haben schwarze Zeichnungen, ähnlich wie die der Dreizehenmöven. Füße rot, Kopf im Sommer schwarz. Sie ist zweifellos die schönste aller unserer Möven und kann kaum mit einer andern verwechselt werden.

Von allen diesen Möven sind wichtig nur folgende und es genügt, diese zu kennen.

Im Sommer:

an den Küsten der Ostsee: Sturmmöve, Lachmöve,
an den Küsten der Nordsee: Silbermöve, Lachmöve,
auf hoher See: sehr wenig Möven, meist Silbermöven.

Im Herbst, Winter, Frühjahr:

an allen Küsten: Mantel-, Herings-, vor allem aber Silber-, Sturm- und Lachmöven,
auf hoher See: Mantel-, Silber-, vor allem aber Sturm- und Dreizehenmöven.

Wir kennen jetzt also die einzelnen Arten und können nun daran denken, die Lebensweise und damit die wirtschaftliche Bedeutung dieser Vögel zu studieren. Wer fortan Beobachtungen über diesen Punkt anstellen will, ist nun in der Lage, diese auf eine sichere Basis zu stellen; kann er doch mit Hülfe dieser Bestimmungstafel angeben, welches Tier er eigentlich meint. Vor allem aber ist es wichtig, die Lebensweise der einzelnen Arten genau zu kennen, ihre Brutstätten, Wanderungen und Art des Nahrungserwerbes. Auch müssen wir versuchen, die Bestände zahlenmäßig abzuschätzen, um Anhaltspunkte für ihre Bedeutung zu erhalten. Die Leser werden nicht weniger überrascht sein, als der Verfasser es war, wenn sie finden, wieviel geringer die Zahlen ausfallen, als man vorher geglaubt hatte. Natürlich ist eine solche „Volkszählung" nicht allzu genau durchführbar; doch will ich geben, was möglich war; und schließlich wäre ein Fehler selbst um 100 Prozent nicht allzuschlimm. Ich glaube aber, daß der Fehler geringer ist; und mehrere vorzügliche Kenner haben die Schätzungen gut geheißen.

1. Die Silbermöve, Larus argentatus, L.

auch genannt: Blaumantel, Haffmöve; Junge: Groot grü Kubb., engl. Herringgull (also nicht gleichbedeutend mit unserer Heringsmöve). Jugend: graubraungefleckt, Alter: unten weiß, Rücken, Flügel blaugrau, Schnabel gelb mit rotgelbem Fleck. Überaus gemein in der Nordsee, im Sommer dort die häufigste Art, im Winter gleich häufig. In der Ostsee viel weniger häufig. Die Nordsee und die britischen Inseln sind ihr Reich. An der Eismeerküste wird sie durch eine etwas dunkler graue Rasse (L. arg. affinis) ersetzt, im Mittelmeer durch eine zweite Rasse (L. arg. cachinnans). Sie ist ein echter Seevogel, der sich gern auf hoher See herumtreibt, bei schönem Wetter überall in der Nordsee, aber je näher den Küsten, desto häufiger auftritt. Im Wattenmeer ist sie stets sehr häufig, auch bei Helgoland ständig anzutreffen. Ins Binnenland geht sie nur bei Sturm, doch streichen einige Exemplare manchmal in den Flüssen hoch hinauf; ja, eine an unsern Küsten gezeichnete wurde sogar im Spessart geschossen. — Sie ist es, die der Tourist am häufigsten hinter seinem Dampfer sieht.

Sie sammelt sich gern zu Schwärmen, zur Brutzeit die unreifen fern von den Alten und von diesen vertrieben. Lieber rastet sie auf dem Lande als schwimmend, doch kann man auch das oft genug sehen. Sie schwebt und gleitet meisterhaft und versteht den leisesten Lufthauch dazu auszunutzen. Der Flug ist dennoch nicht allzu rasch, wie überhaupt der Vogel etwas phlegmatisch ist. Nur die Freßgier bringt mehr Leben in ihn. Im Herbst und Winter scheint der Vogel fast stumm zu sein, zu besseren Jahreszeiten dagegen, besonders am Brutplatz gibt es Spektakel genug: jeder kennt das gellende Kjau-Kjau-Kjau; die Jungen rufen ganz anders.

Die Brutplätze finden sich rings um die Nordsee, am häufigsten aber an der jütischen, west- und ostfriesischen Küste in den Dünen der Inseln. Es sind fast stets förmliche Kolonien, deren Eier früher planmäßig benutzt wurden, wie noch heute auf Rottum und Langeoog. Später aber artete diese vernünftige Eiernutzung in planlosen Eierraub aus, der den Bestand reißend schnell herunterbrachte. Ein Beispiel dafür ist der Ellenbogen auf Sylt, wo Naumann vor 70 Jahren noch mehr als 5000 Paare brütend fand, vor einigen Jahren aber nur mehr ein paar Dutzend brüteten. Um dem weiteren Rückgang des Mövenbestandes im Interesse des Naturschutzes und der Fremden Einhalt zu tun, haben Vogelschutzvereine mit Unterstützung des Staates mehrere dieser Kolonien unter Schutz gestellt. Seitdem findet wieder eine ganz langsame Zunahme statt, die aber nie den mindestens fünfmal, wahrscheinlich zehnmal so großen Bestand der fünfziger Jahre im entferntesten erreichen wird. Nennenswerte Mengen brüten heute nur noch in den irgendwie — sei es durch Vogelschutzvereine, sei es durch den Eierpächter — geschützten Kolonien. Da diese von Wissenschaftlern öfter revidiert und die Bestände so genau als möglich durch Zählung der Gelege ermittelt werden, können wir mit einiger Genauigkeit feststellen, wieviel Paare an deutschen Küsten brüten. Da wir auch die Vermehrungsziffern kennen und die Vernichtungsziffern in den einzelnen Jahrgängen, z. T. an der Hand von Markierungsexperimenten beurteilen können, so ist es auch möglich, den Bestand an unreifen Exemplaren abzuschätzen. Wir erhalten so für die Silbermöve folgende Zahlen:

Es brüten annähernd von Nord nach Süd und Ost nach West auf:

dem Ellenbogen (Nordende von Sylt)	300	Paare	Schutzgebiet des Vereins Jordsand.
dem übrigen Sylt ca.	200	„	Wildes Brutrevier.
Hallig Norderoog	200	„	Vereins Jordsand.
Insel Trischen	50	„	Schleswig-Holst. Vogelschutzvereins zu Meldorf.
„ Wangeroog, Spiekeroog, Baltrum: unbekannt, aber minimal, etwa	50	„	Wildes Gebiet.
Mellumplate, etwa	10	„	Ortsgruppe Kiel des Deutschen Bundes für Vogelschutz.
Langeoog	5000	„	Regierung.
Norderney	100	„	Ortsgr. Norderney d. D. Bundes für Vogelschutz.
Juist	50	„	der Gemeinde.
Memmert	2000	„	Inselpächter und des Staates.
rund	8000	Paare.	

Wir erhalten also als sicheren Anhaltspunkt die Zahl von etwa 8000 Paaren = 16000 erwachsenen Vögeln, und wenn wir als Sicherheitsfaktor noch 4000 Stück für nichtbrütende Exemplare und die paar der Ostsee (— in Wirklichkeit anscheinend viel weniger —) annehmen, so können wir mit ziemlicher Gewißheit sagen: mehr als 20000 alter Silbermöven gibt es an den deutschen Küsten wohl auf keinen Fall. Da nun jedes Paar 2, höchstens 3 Eier produziert, wovon aber ein großer Teil faul ist, so würde man bei übertrieben hoher Annahme auf 20000 Junge kommen. Von denen gehen im zartesten Alter erstaunliche Mengen verloren, und die eben flugbar gewordenen fallen den Jägern als Hauptkontingent ihrer Beute in großer Masse zum Opfer. Wenn wir also die Vernichtungsziffer bis zum 1. Neujahr ihres Lebens auf 40% der Eier beziffern, so ist das sicher übertrieben vorsichtig und niedrig. Bleiben also 12000. Im ganzen zweiten Kalenderjahre ihres Lebens dürften nur halb so viel davon umkommen als in dem ersten halben Jahr, denn die Schwächlinge sind schon z. T. ausgeschaltet, und etwas schlauer sind die übrigen auch geworden. Viel mehr von diesen Vögeln, als man glaubt, gehen infolge von Stürmen und Hunger zu Grunde, wie die Ringversuche zeigen. Also wieder 20% der Anfangssumme Verlust = 4000 Stück abgezogen, ergibt sich am 2. Neujahr, das der betr. Jahrgang erlebt, einen Bestand von 8000. Im nächsten Jahr ist die Vernichtungsziffer auch wieder geringer, sagen wir 10% der Anfangssumme, was am 3. Neujahr noch einen Restbestand von 6000 Stück ergeben würde, die nun reif geworden zur Brut schreiten können. Würde der Brutvogelbestand nun ganz gleich bleiben, so hieße das, daß ebensoviel alte Vögel alljährlich sterben oder getötet werden. Da der Bestand aber ein wenig zunimmt, so muß die Vernichtungsziffer der Alten etwas niedriger sein, wie es auch die direkte Beobachtung ergibt, sagen wir 4—5000 Stück jährlich.

Über das natürliche Lebensalter des Vogels wissen wir nichts, können aber mit etwa 5—10 Jahren rechnen.

Wir erhalten also zu Neujahr folgenden Bestand:

15000	Alte
6000	Junge im 3. Jahr
8000	„ „ 2. „
12000	„ „ 1. „
41000	Stück im ganzen

oder Anfang August, unmittelbar nach der Brutzeit reichlich 45000 Stück Silbermöven.

Was bedeuten diese Zahlen? Sie sagen, daß im allgemeinen die Mengen der Möven, — ebenso wie anderer Vögel — ganz enorm überschätzt werden. Zum Beweis ziehen wir die größte Kolonie, die von Langeoog heran. Der Volksmund und auch der „Wegweiser nach Langeoog" spricht von „Hunderttausenden (!) von Seevögeln, die im zeitigen — in Wirklichkeit späten — Frühjahr hier brüten, die mit ihren Schwingen die Sonne verdunkeln (!) oder in zahllosen (!) Scharen den Dampfer nach Langeoog umspielen." Demgegenüber schätzt Otto Leege, der durch viele exakte Zählungen auf dem Memmert seine Schätzungen auf das richtige Maß bringen lernte, die Zahl auf „keineswegs mehr als 5000 Paare." In der Tat werden die Bestände gewöhnlich um etwa das zehn- oder zwanzigfache überschätzt. Die Zurückführung solcher übertriebener Begriffe auf das richtige Maß muß natürlich auf die Schätzung der wirtschaftlichen Rolle ganz erheblich einwirken. Was hier von der Silbermöve gesagt ist, gilt zum großen Teil auch von den anderen Arten.

Nun fragt es sich aber, ob denn das ganze Jahr hindurch immer gleiche Mengen von Silbermöven an unseren Küsten vorhanden sind. Mit andern Worten: ist diese Art Zugvogel oder nicht? Man glaubte früher, daß sich im Winter die Bestände nach SW verschöben, daß also zwar kein weithinreichender, aber doch ein deutlicher Zug stattfinde; das hat sich durch die Ringexperimente nur zum geringsten Teile bestätigt: Die Silbermöve ist ein Standvogel, der im Winter aber mehr Neigung zum Umherstreifen hat, was er natürlich nur nach der offenen Seite, nach Holland zu betätigen kann. Über 100 km Entfernung vom Brutplatze ist schon selten, die weiteste ist 205 km (Memmert-Eckernförde). Nach der Ostsee verfliegt sich selten eine auf der Nordsee erbrütete Silbermöve, aber auf der Nordsee bis zur holländischen Küste schweifen sie überall umher und im Winter scheint eine kleine Häufung unserer Möven an der holländischen Küste stattzufinden. Von anderswo her, dem Norden oder Osten können aber keine irgendwie bedeutenderen Mengen im Winter einrücken, weil es keine solchen gibt. Nur ausnahmsweise, nach anhaltenden starken NW-Winden kommen einzelne von den britischen Inseln herüber, wie eine in Schottland markierte und in Helgoland geschossene und eine andere schottische in Thüringen erlegte Jungmöve beweist. Ausnahmsweise ist auch mal eine holländische Jungmöve im Sommer nach Helgoland gekommen und dort geschossen worden. Wir haben also im Winter eher ein paar weniger als im Sommer.

Weitere Wanderungen, wie sie die im Spessart und verschiedene tot oder halbtot tief im Binnenlande gefundenen Exemplare gemacht haben, sind durchaus abnorm und z. T. noch direkt als Folgen heftiger Stürme nachzuweisen, wie auch bei dem eben erwähnten Beispiel des schottischen Stückes.

Gehen wir jetzt über zur Hauptsache: Dem Nahrungserwerb der Silbermöve. Obgleich ich mir von der unmittelbaren Beobachtung und der Untersuchung vieler Gewölle mehr verspreche, gebe ich doch die Funde in 24 Silbermövenmägen, wovon 12 von Prof. Röhrig, 9 von Prof. Eckstein und 3 von Dr. Rey untersucht wurden. Davon stammen 17 anscheinend aus der Nordsee. 1. Jung, Bremerhaven, 18. XII. viele Pflanzenfasern, 2. jung, dito 6. X. viele Pflanzenfasern, ziemlich viele Stückchen von Muschelschalen, einige kleine Schneckenhäuser. 3. Oldersum, 19. XI. zerriebene Pflanzenfasern und ein 22 cm langer Binsenhalm, einige bis 1,5 cm lange feste eiförmige Ballen von Mäusehaaren. 4.? Muscheln, 5.? Wasserkäferreste, Samenreste. 6.? Januar, 0,62 gr Fischreste; 7. Nordsee, 15. I. 0,65 gr Fischreste, 8.? 22. IV. 0,10 gr Fischreste. 9. Eutin, Juli, 1,10 gr Fischreste, sehr wenig Insektenreste. 10. Westerland-Sylt, 6. VII. 7 gr Fischreste. 11. Föhr, 16. VII, ca. 6 Carcinus maenas und Reste solcher, 12. dito 5 Carcinus und Reste. 13. Föhr, 16. IX. nichts. 14. Ostende 12. IX. 1 gr Fischreste. 15. Baltrum 16. I. Muschelstückchen. 16. und 17. Schmechtenhagen, 23. VIII. Muschelreste. 18. Swinemünde, 22. V. 1 gr Fischreste, 0,55 gr Heuschreckenreste, 19. do. 13. VII. Fischgräten, 20. do. 13. VII. Wirbelknochen von einem kleinen Fisch. 21. Misdroy, 3. VIII. 3 Carcinus, Blaubeeren. 22. do. 3. VII. Blaubeeren. 23.

Travemünde, Fischknochen, Bein eines Jungvogels, Pflanzenfasern. 24. Brandenburg, 5. I., leer. — Überall habe ich die selten fehlenden geringen Mengen Sand und Steinchen, die zur besseren Verdauung mit aufgenommen werden, weggelassen. Danach frißt die Silbermöve also: Fische, Strandkrabben, Insekten, Mäuse, junge Vögel, Muscheln, Schnecken, Beeren und andere Pflanzenteile. Doch was wollen so einzelne Befunde besagen? Denken wir auch daran, daß sich von allen Nahrungsresten Fischgräten und -Knochen am längsten halten, während andere Nahrung viel schneller und restlos verdaut wird.

Wenden wir uns nun den Beobachtungen zu, die mit vieltausendfachen Mengen rechnen. Am besten folgen wir da dem bekannten Nordseekenner Lehrer Otto Leege, der auf dem Memmert, der zweitgrößten Silbermövenkolonie, viele Monate mit den Vögeln zusammengelebt und sie in all ihren Intimitäten belauscht hat. Wir haben dabei noch den Vorzug, die Nahrung der Vögel in derjenigen Zeit — Ende März bis Juli — kennen zu lernen, wo sie am Brutplatz dichtgedrängt wohnen und während

F. Schensky phot.

Fig. 3. Die Silbermöve, Larus argentatus L.

der Brut- und Aufzuchtsperiode die größten Nahrungsmassen brauchen, wirtschaftlich also am wichtigsten sind. Alle unverdaulichen Nahrungsbestandteile werden von den Möven als lockere Klumpen — Gewölle — wieder ausgewürgt, die man ebenso wie verlorene oder überflüssige Nahrungsgegenstände dort in Masse findet. Es ist am besten, diese Befunde hier z. T. im einzelnen anzuführen.

1907 Juni, Juli: „Überall zwischen den Nestern Gewölle aus Muscheln und Schnecken, besonders häufig solche aus jungen Mytilus, dazwischen auch viele aus Fischen gebildete. In einzelnen fand ich bis 8 Stück mit den Köpfen zusammenliegende, fingerlange Heringe. An manchen Tagen war der Strand mit Einsiedlerkrebsen bedeckt, und diese scheinen eine Lieblingsspeise zu sein, denn andere angeschwemmte Nahrung fand dann keine Beachtung. Erstaunlich ist die enorme Kraft des Schnabels, der selbst die kräftigsten Gehäuse der Wellhornschnecke zertrümmt, in denen der ausgewachsene Einsiedlerkrebs lebt, und die sonst nur durch einen kräftigen Hammerschlag zerschlagen werden können. Im August und September sah ich keine Fischreste in den Gewöllen; aber in enormen Mengen war die Tellina baltica verschlungen, deren bunte Schalen unzerstückelt Gras und Sand in den Dünen bedecken. Unter den Möven befanden sich wiederum etliche, die dem Kannibalismus huldigten, manche der ausgetrunkenen Eier zeigten deutlich die Schnabelhiebe der Räuber. Wiederholt war ich Zeuge, wie Möven mit jungen ausgewachsenen Seeschwalben davonflogen, um sie, ohne die Beute zu zerstückeln, unter großen Beschwerden zu verschlingen.

1909: am 16. Mai: „Das Brutgebiet ist mit zahllosen Gewöllen bedeckt. Vorwiegend sind sie aus kleinen Mytilus gebildet, ein Zeichen, daß die Möven jedenfalls andere zusagendere Nahrung nicht finden, während die Miesmuschel bei Ebbe jederzeit erreichbar ist. Andere Gewölle sind aus den Schalen der Tellina baltica zusammengesetzt, und zusammengehörige ganze Schalen von Cardium edule liegen überall, handgroße Flecke bildend, dicht ausgestreut umher, Ballen von Strandkrabben, Carcinus maenas, sind recht häufig, Fischreste fehlen völlig, obgleich der Wärter kürzlich einige

F. Schensky phot.

Fig. 4. Silbermöven bei Helgoland.

Gewölle aus kleinen Plattfischen bestehend gefunden haben will. — 3. Juli: fast alle Gelege sind ausgebrütet, und die Jungen werden in letzter Zeit vorzugsweise mit Seesternen (Asterias rubens) gefüttert, außerdem mit Strandkrabben, während Muscheln und Schnecken selten zugetragen wurden, unter diesen am häufigsten Tellina baltica, weniger Mytilus. Von Fischen fand ich in den Auswurfballen nur selten wenige Spuren; einmal sah ich neben einem Neste eine fast ausgewachsene Makrele, die aber nicht angefressen war. Makrelen, sonst Hochseefische, durchfurchen in dieser Zeit auch die oberen Schichten unserer Baljen; es ist daher nicht ausgeschlossen (— aber äußerst unwahrscheinlich! W. —), daß der Fisch von der Oberfläche geschöpft ist, obwohl es mich wahrscheinlicher dünkt, daß er tot am Strande gefunden wurde! Außerdem wieder Eier- und Jungenraub bei den Seeschwalben!

1910. 26. März, alle Dünen mit Gewöllen bedeckt; größtenteils Ballen von Seesternen, außerdem Mytilus- und Tellina-Klumpen, ferner solche von Carcinus, einige Fischgewölle aus jungen Schollen oder Butt, 3—4 cm große Fischchen, die wohl bei dem niedrigen Wasserstande in den Rifftümpeln aufgelesen waren. — Am 13. Mai: massenhaft Gewölle von Mytilus, Tellina, Carcinus, Pagurus (Einsiedler), viele Würmer: klumpen (Nereis), aber nur eins mit Fischresten. — 4. Juni: Gewölle sieht man weniger häufig als sonst, da jetzt die eben ausgekommenen Jungen vorzugsweise mit Weichtieren gefüttert zu werden scheinen. Kot und Ausgespienes sind meistens dünnflüssig. Man sieht nur wenige Mytilus-, Cardium-, Tellina, Carcinus- und Pagurus-Gewölle. Neben den Jungen sah ich einige Male Klumpen fingerlanger Butt liegen. — Am 3. Juli lagen auffallend viele unverletzte Steinpicker (Agonus cataphractus), einzelne sogar noch lebend, im Fütterungsgebiet. Steinpicker sind für Möwen als Grundfische kaum erreichbar, dürften daher aus den Netzen der Schleppnetzfischer, die sie als wertlos fortwerfen, kommen. (— ebenso auch wohl viele der kleinen Plattfische! W —) Die Agonus bleiben unberührt, ebenso wie herzugeschleppte Kreuzkröten und eine Eidechse.

1911: „Bei den lang andauernden Ostwinden waren die Äsungsgründe bei Ebbe sehr weit wasserfrei, so daß den Vögeln Nahrung in ausgiebigster Weise zur Verfügung stand. Aus diesem Grunde zogen sie Weichtiere allen andern vor, und daher waren die bekannten Auswurfgewölle in der Kolonie auffallend gering vorhanden, während das ganze Brutgebiet von den flüssigen, natürlichen Ausscheidungen übertüncht war. Von Muscheln sah man noch am häufigsten Cardium edule (Herzmuschel), dessen Schalen manche Abhänge, an denen Möven sich gern der ruhigen Verdauung hingeben, völlig überzogen. In den überklecksten Gebieten sah man viele aufgelöste Teile von Asterias rubens (Gemeiner Seestern), am Süßwasser, Ballen von Borstenwürmern (Nereis pelagica), doch fand ich nur e i n Bündel unverdauter Agonus (Steinpicker) und wenige halbwüchsige Schollen. Kaum hatten die Jungen die Schale durchbrochen, so wurden sie auch schon von den Alten mit Nereis pelagica gefüttert, von welcher Art ganze Bündel am Nestrande „auf Vorrat“ aufgespeichert waren. — 12.—14. Juni: wieder mehr Gewölle mit vielen Cardium, viele Tellina und Carcinus. — Juli: Zahl der Gewölle wiederum eine sehr große, aber die Mehrzahl in halbflüssigem Zustande. Sie bestanden vorzugsweise aus Strandkrabben und Seesternen. Cancer pagurus (der eigentliche Taschenkrebs) trieb am Südstrande tot oder halbtot in außergewöhnlicher Zahl an und Möwen und Austernfischer taten sich sehr gütlich. Portunus holsatus, die Schwimmkrabbe, befand sich einzeln in den Gewöllen. Muscheln dagegen waren wieder sehr häufig, besonders junge Miesmuscheln, Herz- und Tellmuscheln, am häufigsten die beiden letzteren. An Fischresten wurde soviel wie nichts gefunden, eine halbgroße Flunder, eine Seenadel und eine Anzahl unverletzter Steinpicker. — Am Strande trieben im Sommer und Herbst große Klumpen von gelblichem festen Fett an und dieses schien besondere Anziehungskraft auf Möven und Austernfischer auszuüben.“

Das sind einwandfreie Befunde von solcher erdrückenden Fülle und großen Wichtigkeit, daß daß es keine Einwände dagegen gibt. Genau gleiche Befunde brachten N a u m a n n, H e n n i c k e und andere bekannte Ornithologen.

Wie sich jeder immerzu überzeugen kann, ist die Silbermöve und auch die andere Möve, nicht im Stande, tief zu tauchen, also Fische heraufzuholen. Sie können nur bis zur Brust ins Wasser kommen, das sind höchstens 30 cm.[1]) Sie können also in tieferem Wasser nur tote, halbtote oder in Schwärmen beisammenstehende, also „stümende“ Fische erlangen. Das letztere tun bekanntlich, oft von Raubfischen, Makrelen, Hornhechten, Gadiden und Walen veranlaßt, alle heringsartigen Fische: Hering, Sprott, Sardine und die Sandspierlinge, die öfter in dichten Klumpen beisammenstehen. Auch N a u m a n n sagt: „Diese Fischereien können nie hinlänglich zur Befriedigung ihres steten Hungers

[1]) Eine U n t e r w a s s e r a u f n a h m e einer tauchenden Möve, die neueste Errungenschaft photographischer Technik, ist auf S. 25 wiedergegeben.

ausreichen, denn man sieht sie gewöhnlich lange Strecken vergeblich absuchen, ohne auch nur einen Fang zu machen". Eher könnten die Möven auch im Flachwasser watend oder schwimmend Fische fangen, wobei nur junge Plattfische in Frage kämen. Nun ist die Silbermöve aber sehr ungeschickt im Haschen. Sieht man doch sogar auf leblose ihnen zugeworfene Bissen, die auf dem Wasser treiben, die Vögel öfter fehlstoßen. Wieviel weniger wird es ihnen gelingen, lebende Fische zu erwischen. Also der eigene Fischfang der Möven — wir können und müssen hier schon verallgemeinern — ist recht geringfügig, einfach weil ihre Organisation nicht dazu geeignet ist, wie die der Seeschwalben und Taucher. Viele Fische, die sie fressen, liefert ihnen der Mensch selbst; es sind die zahlreichen kleinen Fische, die die Fischer mit ihren Schleppnetzen unbeabsichtigt mitfangen und die, ohne lebensfähig zu sein, ins Wasser zurückgeworfen werden. Da ihnen die eigene Fischerei allzu mühsam, zeitraubend und unergiebig ist, so halten sie sich viel lieber an Aas, auch größeres, das sie zerreißen, Muscheln, Schnecken, Krebse, Seesterne, Würmer und anderes Getier. Insekten und Pflanzenkost findet sich nur selten in bedeutender Menge. Es handelt sich dann um Empetrum nigrum (Rauschbeere) und „Blaubeeren", also wohl Heidelbeeren; andere Pflanzenteile sind nur Notbehelfe. Durch Vertilgung des den Fischern verhaßten und unendlich häufigen Dwarsloopers (Carcinus maenas), ferner von Seesternen, dem schlimmsten Feinde der Austern und aller Muscheln, machen sie sich dabei sehr nützlich. Eher ein Nutzen als ein Schaden ist auch die Rolle, die sie bei stümenden Fischscharen spielen: denn bei den Millionen von Heringen kommt es auf die wenigen, die sie fressen, gar nicht an, wohl aber verraten sie durch ihr Schweben über den Fischschwärmen dem Fischer deren Vorhandensein. Vielerarten, wo die Heringsfischerei von Bedeutung ist, schätzt man deshalb die Möven als nützliche Gehilfen.

Ein anderer Nutzen geht zwar den Fischer nicht viel an, wohl aber den Strandbewohner überhaupt: es ist die Festlegung und Düngung der steilen Sanddünen durch Mövenbrutkolonien. Wer die Entwicklung der Memmertinsel von einer öden unfruchtbaren Sanddüne zur Insel mit üppigem überaus artenreichen Pflanzenwuchs allein durch Mövenguano mit verfolgt hat, wird das recht beachtenswert finden.

Schädlich kann die starke Silbermöve durch Raub der gefangenen Fische aus Stellnetzen und Reusen werden, wobei sie auch wohl diese selbst etwas zerreißen kann. Das kann man aber vermeiden durch rechtzeitiges Entleeren. Dieser Schaden ist minimal und wird reichlich wett gemacht durch die Nutzung der Möven als Jagdobjekt, die meist in denselben Händen liegt, die jene Reusen stellen; denn gegen einen *vernünftigen beschränkten* Abschuß zum Essen und zur Federgewinnung oder zum Verkauf an Präparatoren wird niemand etwas einzuwenden haben. Unbedingt zu verurteilen ist es aber, wenn die Möven von Aasjägern zusammengeschossen werden ohne jede Verwertung.

Das Ergebnis läßt sich folgendermaßen zusammenfassen: Die Silbermöve (und hier sei schon betont, fast alle Möven) ist *kein Fischfresser*; dazu ist sie gar nicht organisiert, sie *ist vielmehr Allesfresser*; sie spielt dieselbe Rolle auf und im Meere, wie die Krähen auf dem Lande. Genau wie diese lebt sie denn auch, wenn sie der Sturm binnendeichs weht, genau wie diese räumt sie alles Tote, dem Verderben Geweihte auf und setzt es in nutzbares Fleisch, Federn und ästhetischen Genuß um. Ihr Schaden ist relativ geringer als der der Krähe, denn die jungen Butt sind weniger wertvoll als junge Hasen, tötet doch der Mensch das Vielfache an Nachwuchs durch Schleppnetzfischerei und Seemoosdredgen mit Stacheldraht. Daß die Möven schädlich werden als Nahrungskonkurrenten der Fische, ist wohl unmöglich. Zunächst könnte das nur im Watt zutreffen, und auch dort nur für solche Fische, die auch Seesterne, Würmer und Muscheln fressen. Von letzten aber gibt es, das kann niemand leugnen, so viel, daß Helfershelfer in ihrer Vertilgung bisweilen erwünscht aber nicht gefürchtet werden können.

Und dann vergesse man bei der Beurteilung der wirtschaftlichen Bedeutung der

Möven das Historische nicht: einst, noch vor einem halben Jahrhundert, gab es zehnmal mehr Seevögel an unseren Küsten nach den überkommenen Berichten und hat es von jeher gegeben. Trotzdem stand die Fischerei in Blüte; und sollte sie seitdem zurückgegangen sein, so geschah dies, trotzdem die Vögel dezimiert wurden durch maßlosen Eierraub und Abschuß.

2. Die Sturmmöve, Larus canus L.

Auch Wintermöve, Sturm- oder Stromvogel, Piepmöve genannt. — Wie in der Nordsee im Sommer die Silbermöve, so ist sie in der Ostsee kurzweg die große Möve. Dort ist sie die gemeinste Brutmöve. Für den Winter aber rückt sie in Massen nach der Nordsee und ist dort fast noch häufiger als die Silbermöve.

Kennzeichen: Etwas kleiner als die Silbermöve, schlankerer Schnabel ohne orangegelben Fleck, überhaupt eleganter, Junge viel heller als die dunkelgefleckten der Silbermöve (vgl. die Abb. S. 2 u. 3).

Ihr Hauptbrutgebiet sind die Küsten der Ostsee bis in ihren äußersten Zipfel, weniger Norwegen und Schottland, noch weniger die dänischen und deutschen Nordseeküsten, wo die Zahl der Brutpaare kaum ein paar Dutzend beträgt. Da ihre Brutplätze in der Ostsee nur zum allergeringsten Teile (Langenwerder bei Poel und Hiddensoe auf Rügen) geschützt und unter Kontrolle sind, lassen sich leider keine irgendwie zuverlässigen Zahlen angeben. Doch brüten mindestens 1500 Paare an der deutschen Ostseeküste, wahrscheinlich mehr, die Hauptmasse aber an den übrigen Teilen der Ostsee. So müssen wir die Schätzungen im Verhältnis zu den anderen Arten, speziell zur Silbermöve vornehmen. Wenn wir annehmen, daß zur Brutzeit sich 10 000 Sturmmöven, einschließlich der noch Unreifen bei uns aufhalten, so wird das wohl sicher zu hoch gegriffen sein.

Diese Möve ist einerseits in hohem Grade Hochseevogel, andrerseits liebt sie das stürmische Meer sehr wenig. Naht Sturm heran, so zieht sie sich am raschesten hinter die schützenden Deiche in die Marsch oder in die Strommündungen zurück. Ihre Anwesenheit dort ist also stets mit Sturm verbunden; daher der Name Sturmmöve, im Sinne „Sturmkünder". Ist die See aber wieder ruhiger, so geht sie in Menge hinaus, so daß man sie im Winterhalbjahr z. B. bei Helgoland viel häufiger sieht als die Silbermöve. Der Unterschied von der Silbermöve in dieser Hinsicht ist nicht bedeutend, nur ist eben die lebhaftere kleinere Art auch hierin unbeständiger. Der Kälte gegenüber verträgt sie ungefähr dasselbe wie ihre größere Verwandte, überwintert deshalb auch in gleichem Revier. Sofort nach Beendigung der Brut fangen die Vögel an, sich von der nördlichen Ostsee herabzuziehen; die der westlichen gehen nach der Nordsee und allmählich auch weiter bis Holland, Belgien, ab und zu noch weiter (s. später!), während im allgemeinen dort die britischen und z. T. norwegischen ihre Winterquartiere anschließen. In der südlichen Ostsee und noch mehr an unserer Nordseeküste, besonders in den weiten Flußmündungen sammeln sich große Massen, die ganz besonders auffällig in den Zug-, besser Strichzeiten des Herbstes und Frühjahrs werden können, weil sich dann die sonst verstreuten Massen sammeln, um nach neuen Nahrungsplätzen resp. wieder zu den Brutstätten abzurücken. Hatten wir zum Herbst, ungefähr September-Oktober, die Zahl der Silbermöven an deutschen Küsten auf ein knappes halbes Hunderttausend geschätzt, so dürfte dann die Sturmmöve noch etwas zahlreicher, sagen wir 75000, sein, möglich, daß in Wintern auch mal 100000 erreicht werden (doch halte ich das für zu hoch gegriffen!) Daß es bei all diesen Möven übrigens auch eine Masse erwachsener Exemplare gibt, die doch nicht brüten, sieht man gut an dieser Art. Zur Brutzeit, Ende Juni, Anfang Juli, wo es in der Nordsee nur wenige Dutzend Brutpaare gibt, sehe ich alljährlich auf Neuwerk, Trischen oder Hooge große Schwärme von annähernd 600 Stck. zusammen mit manchmal gleichviel Lachmöven, und alle scheinen ausgefärbte Exemplare zu sein, soviel man aus großer Entfernung sehen kann.

Über die Wanderungen der Sturmmöve haben die Markierungen interessante Resultate ergeben. Danach ist auch hierin diese Art energischer als die Silbermöve. Z. T. mögen aber die weiteren Wanderungen auch damit zusammenhängen, daß die Sturmmöve sehr gern weit auf die hohe See geht, wo sie dann öfter drehende Winde in eine ganz neue Richtung zwingen mögen. Es ist sehr überraschend zu sehen, daß die nordischen Exemplare von den russischen oder finnischen Küsten sich in der Beziehung viel mehr leisten als die in der südwestlichen Ostsee (auf dem Langenwerder) erbrüteten. Von ersteren wurden 5 in Rossitten auf der Kurischen Nehrung gezeichnete Durchzügler wieder entdeckt: in Rossitten nach 14 Tagen, auf der Insel Fünen (Dänemark) am 18. Dezember desselben Jahres, auf der Seine 9 km von Paris am 2. Januar, 18 Tage nach der Zeichnung in Rossitten, an der Orne-Mündung am Kanal am 27. Januar,

Phot. Georg E. F. Schulz.

Fig. 5. Sturmmöve (Larus canus). Schreiender Vogel auf dem Nest.

ein Vierteljahr nach der Markierung, und schließlich — ein ganz überraschender Fall — auf Stromö, Färöer am 13. Februar, 80 Tage nach der Markierung. Das ist ein Gegenstück zu der von Aberdeen nach Helgoland gekommenen Silber-Möve. Diesem erheblichen Wandertrieb der nordischen Ostseesturmmöven steht der geringe der südlichen gegenüber. Von einer Menge auf dem Langenwerder erbeuteter und markierter Sturmmöven bot sich folgendes Bild: nach Osten gehen nur wenige der jungen Möven und auch nur sehr kleine Strecken, die Tendenz ist sonst deutlich westlich, der Wärme, dem marinen Klima zugerichtet, auch wohl, um den von Norden heranrückenden Nahrungskonkurrenten aus der eigenen Familie auszuweichen. So treffen wir schon im August die meisten in der Nordsee, in den Unterläufen der Flüsse, auf Helgoland, ja eine war am 31. August sogar schon bis Calais gekommen. Zwei in Südseeland (Dänemark) erbrütete wurden im selben Herbst in Helgoland geschossen. Die Ostseemöven überfluten so mehr und mehr die Nordsee, wo sie zum allergrößten Teile überwintern. Allmählich rückt ein Teil auch weiter an der Küste hinunter nach Holland und bis an die französische Grenze, eine ward auch am 3. Februar bei Portsmouth in England geschossen, während die nördlichste eine um Weihnachten in Westdänemark gefangene war. Es scheint demnach, daß die nördlicheren Sturmmöven die südlicheren z. T. überfliegen, wie es auch bei anderen Arten der Fall sein dürfte.

So können wir infolge ihrer großen Zahl die, wenn auch kleinere, Sturmmöve als ungefähr gleich wichtig in Hinsicht auf ihr Nahrungsbedürfnis ansetzen wie die Silbermöve. Welche Rolle spielt sie nun? Im großen und ganzen kann man sagen, sie ist auf See eine Silbermöve im Kleinen, lebt und ernährt sich wie diese, an Land dagegen eine große Lachmöve. Vielleicht ist sie eine Idee geschickter im Fangen lebender Fische als ihre große Verwandte, kann aber auch nur bei stümenden Fischschwärmen recht was ausrichten. Abgestandene Fische, auf dem Meere umgekommene Wandervögel, Abfälle der Fischerfahrzeuge sind ihre Festmahle. Ist sie am Land, so sucht sie auf den Feldern nach Art der Lachmöve nach Insekten und deren Larven, Regenwürmern und Schnecken und folgt deshalb als nützlicher Gehülfe ebenso wie die Lachmöve dem Pfluge. Auch Vegetabilien nimmt sie eher als die Silbermöve. Im Winter kommt sie — darin auch der Lachmöve ähnlich — in großen Mengen in die Häfen, die Flüsse und Städte, nährt sich von Abfällen und läßt sich neuerdings auch schon manchmal füttern wie die viel zutraulichere Lachmöve.

Die Magenuntersuchungen (4 von Dr. R e y, 7 von Prof. R ö h r i g, 1 von der U n g a r i s c h e n O r n i t h o l o g. C e n t r a l e) entsprechen durchaus diesem Bilde: 1) Helgoland, 19. XII, fein zerriebene Schuppen und Gräten und sehr kleine Wirbel von Fischen (Jungheringe, Sandspieren?) und mehrere Schalenstücke der Herzmuschel (Cardium). 2) Bremerhaven, 6. X., viele fein zerriebene Fischreste und paar Sandkörner (wie fast immer). Für Bremerhaven wie bei allen Fischhäfen ein selbstverständlicher Magenbefund bei diesen „Straßen- und Kanalreinigern". 3) Bremerhaven, 7. X., viele grüne Pflanzen (keine Algen). 4) Oldersum, 4. XI., ziemlich viel zerkleinerte Getreide- und einige ganze Roggenkörner, Knochen und Backzähne eines kleinen Nagers (hinter dem Pfluge erwischte oder tot gefundene Maus?!), einige Reste von Käfern, einige Stückchen von Muschelschalen und Sand und Steinchen. 5) Wesermündung, 28. III., Regenwürmer. 6) ebendaher, zwei kleine Rüsselkäfer und Pflanzenreste, Steinchen. 7) dito, am Strande aufgelesene Pflanzenreste. 8) dito, dasselbe und einige Käfer. 9) dito, Magen leer. 10) Saargemünd, 8. IX., Käfer und Mücken. 11) Pillau, 14. III., Magen leer. 12) Ungarn, 22. XI., Magen vollgestopft mit Fischgräten und Fischresten (in den fischreichen Gewässern mit ihren zahllosen abgestandenen Fischchen leichtverständlich).

Wirklichen S c h a d e n können nach dem Urteil aller Sachverständigen wie andere Möven, so auch die Sturmmöve, nur an flachen Streckteichen, also im Fischzuchtrevier anrichten; dazu hat aber unsere Art wohl sehr selten Gelegenheit. Die von ihr im Meere gefangenen Jungfische darf man ihr gerechterweise nicht als Schaden anrechnen, ebensowenig wie der Silbermöve, denn ihre Zahl kommt bei dem Überfluß des Meeres daran gar nicht in Frage, zumal es sich meist um Sandspieren und heringsartige Fische handelt. Der Brut der meisten Nutzfische als: Steinbutt, Zungen, Schellfisch und Dorsch schadet diese Möve gar nicht und der der Schollen und Flundern sehr wenig. Zum Zerreißen von Netzen ist sie schon zu schwach. D i e S t u r m m ö v e i s t a l s o v o m F i s c h e r e b e n f a l l s p r a k t i s c h a l s i n d i f f e r e n t z u b e t r a c h t e n.

Nutzen gewährt sie durch Eier, Fleisch und Federn: „Sehr wohltätig werden sie dem Ackerbesitzer, vorzüglich in Marschländereien, die sie am häufigsten durchstreifen, durch Wegfangen der Feldmäuse und vieler schädlicher Insektenlarven, die sie, wie auch Regenwürmer und nackte Schnecken, in größter Menge vertilgen. Die stehenden Gewässer und den Meeresstrand reinigen sie vom Aase aller Art. Sonst beleben diese herrlichen weißen Gestalten die oft sehr einförmigen Gegenden ihres Aufenthalts auf eine, wenigstens für den Naturfreund, sehr angenehme Weise." So schrieb vor vielen Jahrzehnten N a u m a n n, zu einer Zeit, als noch niemand von einem „Schaden" der Möven zu berichten wußte, und als noch niemand an Mövenschutz zu denken brauchte. Und heute hat er noch mehr recht, denn seitdem die ganze deutsche Küste von Seebädern und Kurorten eingerahmt ist, hat die ästhetische Würdigung mehr Gewicht als einst.

3. Die Lachmöve, (Larus ridibundus L).

Auch genannt: Braunkopf, Swartkopp, Hutmöve, Fischmöve, Seekrähe, Holbrod, Gyritz.

Taubengröße, Alte von März bis in den August mit dunkelbraunem Kopf, sonst weißköpfig, Schnabel, Beine rot. Junge sehr bunt, braun und blau und weiß gescheckt, werden aber schon im Herbst den Alten ähnlicher. Es ist dies eine der häufigsten und bestgekannten Möven, die einzige, die auch im Binnenlande häufig brütet.

Sie ist ein häufiger Brutvogel durch ganz Mittel- und Ost-Europa, nördlich bis Südschweden, auch in England noch. Unmittelbar an den Küsten brütet sie nicht, am ehesten noch in Holland, meist auf Inseln, in Teichen, Seen, tiefen Buchten, wo sich dann zuweilen ganz gewaltige Kolonien bilden. Solche Massenbrutplätze gibt es in Dänemark, in der Flensburger Föhrde, vor allem in der Schlei bei Schleswig der berühmte „Mövenberg," kleinere vielfach im Lande, z. B. Haderslebener Damm (?) Molfsee bei Kiel, Plöner See, Swinemünde, Rossitten auf der Kurischen Nehrung, Dransensee, Schwerin, im Kgr. Sachsen: Rohrbach, Dippelsdorf, in Schlesien: Trachenberg, Strachate, Falkenberg, in Böhmen: Hirnsen, Hirschberg, in Bayern: Wörthsee, Harnoldsweiher usw. Für uns an der See kommen alle dänischen, schleswig-holsteinischen, südschwedischen und alle um die Ostsee herum erbrüteten Lachmöven in Frage, denn diese gehen außerhalb der Brutzeit fast alle an die Küste.

Auf die hohe See kommt die Lachmöve selten, meist nur hinter einem Dampfer oder bei ihren nächtlichen Zügen durch Leuchttürme herangelockt, wie z. B. bei Helgoland. Sie hält sich im allgemeinen streng an der Küste. Kommt man z. B. von draußen in die Elbe, so sieht man immer die ersten so zwischen Feuerschiff 2 und 3, weiter drinnen aber stets in Menge. Im Watt ist sie so recht zu Hause, ebenso wie an jeder Wassergelegenheit im Binnenlande. Zu allen Jahreszeiten kann man Junge und Alte an der Küste sehen, am wenigsten während der Brutzeit im Mai und Juni, obgleich sich auch dann große Scharen Junggesellen oder noch Unreife (sie wird erst im Alter von zwei Jahren fortpflanzungsfähig), oft mit Sturmmöven zusammen, herumtreiben, z. B. auf Neuwerk u. a.O. Zahlenangaben zu machen, ist sehr schwer. Die größte Kolonie dürfte die Schleswiger sein, wo ungefähr 6000 Paare brüten. Sie ist vom Staate an einen Pächter gegen eine hohe Summe verpachtet, der etwa zwei Wochen Eier sammeln darf, dafür aber die Kolonie auch zu bewachen hat. Jeder Abschuß ist verboten. Das gibt dort also etwa 12000 Altvögel und ca. 10000 Junge, wovon freilich ein sehr hoher Prozentsatz gar nicht flügge wird. Nach diesem Anhaltspunkt und bei gegenseitiger Abwertung der andern Kolonien kann man sagen, daß zur Zeit, wo die Jungmöven flügge werden, d. i. Mitte Juli, etwa 50000 Lachmöven an den deutschen Küsten vorhanden sind. Zu diesen gesellen sich sehr bald die dänischen, schwedischen und russischen, so daß im Herbst die Menge der an der Küste konzentrierten Lachmöven die der überall zerstreuten Sturmmöven erreicht oder übertrifft, also sagen wir 75000. Nach und nach, zumal in den letzten beiden Monaten des Jahres, rückt weitaus die Mehrzahl weiter an der Küste hinunter nach SW, so daß nur ein kleiner Prozentsatz bei uns überwintert, was ihm von Jahr zu Jahr in steigendem Maße durch Füttern seitens des Publikums der Hafenstädte, wie Kiel, Emden und ganz besonders Hamburg, ermöglicht wird, während früher nur sehr wenige den Winter bei uns verbrachten. Heute mögen wohl 5000 in den verschiedenen deutschen Städten überwintern.

Über die Wanderungen der Lachmöve wissen wir heute, dank ausgedehnten Markierungsexperimenten, schon recht gut Bescheid. Alle Lachmöven Europas haben die Tendenz nach Südwesten zu wandern, ebensogut die Schleswiger, wie die Rossittener, die Ungarischen und die Russischen. Es ist wie bei der großen Völkerwanderung.

Ein Stamm drückt auf den anderen und treibt ihn vorwärts. Die russischen Lachmöven müssen vor Eis und Schnee flüchten und gehen ans Schwarze Meer, nach Konstantinopel, das Marmara- und Ägäische Meer. Sie besetzen also schon vollständig das Gebiet, in das — wie man eigentlich erwarten sollte —, die ungarischen Vögel Donauabwärts gelangen könnten. So müssen diese vielmehr wieder südwestlich ins Mittelmeer beiderseits Italien ausweichen, wo sie mit den querlandeinkommenden Möven der ostpreußischen Küste, Rossittens, zusammentreffen und mit ihnen gemeinsam überwintern. Ein Teil der ostpreußischen Küstenmöven zieht auch die deutschen Flüsse hinauf bis zum Genfer See und von da zur Rhone (s. Karte), ein noch kleinerer, an der Nordseeküste nach England und an Frankreichs Küste hinunter bis über die Loire hinaus. Er macht

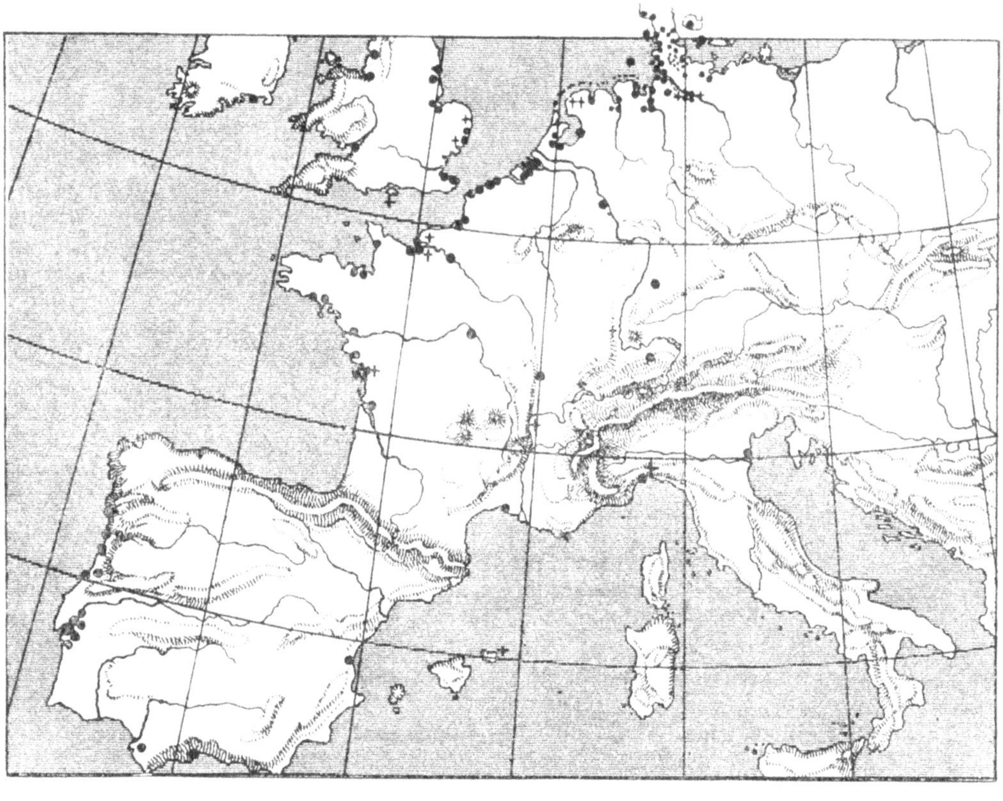

Fig. 6.
Die Wanderungen der Lachmöve nach Resultaten des Helgoländer Vogelzugsversuches mittels Aluminiumfußringen. Die an Stelle der Punkte wiedergefundenen Möven sind in Schleswig, die an Stelle der Kreuze in Rossitten, Ostpreußen, markiert. (Diese nur zur Ergänzung).[1])

damit bereits wieder den Möven Jütlands, Nordwestdeutschlands und Hollands Konkurrenz, die fast sämtlich an den Küsten entlang nach England, Frankreich, Spanien und Portugal zum Überwintern gehen, wo sie noch Platz und Nahrung finden, weil in Westeuropa nicht mehr viel Lachmöven brüten. Die Lachmöve zieht also nach günstigen Futterplätzen und der Wärme entgegen, obgleich ihr diese nur insofern nötig ist, als sie eben gute Ernährungsverhältnisse: offenen Boden und offenes, warmes, tierreiches Wasser gewährleistet.

Die Wanderungen unserer Schleswig-Holsteinischen Lachmöven spielen sich ganz anders ab, als man früher sich vorstellte, vor allem viel regelloser. Wir brauchen hier in der Hauptsache nur dieses Kontingent zu betrachten, weil die weiter ostwärts woh-

[1]) Vergl. die Bemerkung auf der Rückseite des Titelblattes.

nenden zumeist an den Flüssen hinauf durchs Binnenland ziehen. Der kleine Teil, der sich unter die schleswigschen Möven mischt, macht es dann auch genau so wie diese. Wenn wir nun die Orte, wo unsere markierten Lachmöven wiedergefunden wurden, Monat für Monat in Karten eintragen, so erhalten wir folgende Tatsachen (s. die Karte):

Im Juli werden die Jungmöven flügge, die meisten bleiben noch auf der Schlei bei Schleswig, viele bummeln aber sofort los von einem Wasser zum andern in ganz Schleswig-Holstein, eine ging auch nach Sylt, eine zweite nach Helgoland und eine dritte war in kaum 14 Tagen schon fast bis Calais gekommen, obgleich sie doch kaum erst fliegen gelernt hatte. Eine vorjährige hielt sich an der Unterweser auf.

Im August sind immer noch die Hauptmassen der Jungmöven in Schleswig-Holstein und viele noch in ihrer eigentlichen Heimat; eine aber ging ausnahmsweise nach der Ostsee und nordwärts nach der dänischen Insel Langeland, eine andere nach Esbjerg an der dänischen Westküste, eine nach Lübeck, eine ins Moor bei Stade. Jetzt ist aber auch schon ein größerer Prozentsatz weit fortgestrichen: eine wird an der unteren Seine in Frankreich, zwei in England: an der Südostecke in Kent und wunderbarerweise auf der Südwestseite tief im Bristol-Channel in Weston-super-mare gefunden.

Im September werden nur mehr vier in Schleswig-Holstein, aber z. T. auch noch dicht am Brutplatz, entdeckt, eine auf Fünen, zwei an des Unterelbe, zwei an der ostfriesischen Küste, eine in Emden, eine an der belgischen Grenze und jetzt schon vier, dabei eine vorjährige in Frankreich, dort auch schon ein ganzes Ende weiter südlich, nämlich eine an der Sommemündung am Kanal, eine an der Seinemündung, eine bei Orléans mitten im Binnenlande und eine an der Westküste südlich der Loire. Schließlich ward eine vorjährige bei Liverpool gefunden.

Im Oktober sehen wir an dem Material gar keinen Fortschritt: je eine bei Büsum, Lübeck, Lehe, Amsterdam, in England zwei: bei Yarmouth und am Wash, eine in Frankreich in Saint-Malo (südlich Cherbourg).

Im November dagegen zeigt sich zwar dasselbe Bild, aber erweitert bis zu den südlichsten bis jetzt bekannten Winterquartieren, während eine sich noch immer dicht bei Schleswig aufhält. Wir haben hier also Geschwister, von denen die einen bis dahin gar nicht, die andern bis Portugal und Spanien gewandert sind. Eine ist schon in Hamburg, je eine bei Ulrum und Rotterdam in Holland, zwei in Frankreich in Boulogne s. mer und nahe der Seinemündung, eine in England südlich Hull, eine andere am Wash an der Ostküste, eine dritte nördlich von Liverpool an der Westküste, drei an der Westküste der Pyrenäenhalbinsel: nahe Vigo in Spanien und zwei südlich Oporto in Portugal. Zwei andere zeugen davon, daß ein kleiner Teil auch unserer Möven durchs Binnenland wandert: den Rhein hinauf — hier starb eine am Neckar bei Heilbronn — und zur Rhone hinüber, diese hinunter und weiter an der Küste bis Valencia in Spanien.

Im Dezember dasselbe Bild. Holland: 1 an der Scheldemündung; französische Nordküste 1: Seinemündung, Westküste 6: Bretagne eine, und fünf an oder nahe der Küste zwischen Loire und Gironde; Portugal eine nach Oporto, Spanien eine bei Jerez in Andalusien. Hier auch wieder fünf vom Flußweg: hochoben am Doubs nahe Verdun die eine, westlich der Rhonemündung eine andere, zwei in Toulon und schließlich eine gar in Genua.

Im Januar noch ähnlich: 1 nahe der Wesermündung, in Emden, an Englands Ostküste zwei, in der Landschaft Holderneß nahe Hull und bei Ramsgate an der südöstlichen Ecke; an Frankreichs Küste vier, an der belgischen Grenze, am Kap Gris Nez an der Somme und in Saint-Malo; auch noch in Portugal eine an der Douro-Mündung und zwei an der Tajomündung, schließlich sogar in Malaga in Südspanien, also jenseits der Meerenge eine. Auf dem Flußwege gelangte eine nach Bonn und die andere mitten in die Schweiz.

Jetzt setzt der Rückzug mit Macht ein; die Vögel werden zu eilig und lebhaft, um öfter geschossen zu werden. Im Februar finden wir zwei Wintergäste in Hamburg, eine an der unteren Loire, zwei noch an der Tajomündung bei Lissabon und eine alte sogar in Venedig. Die muß sich wohl irgendwo den Rossittener Möven angeschlossen haben, um soweit ab vom Weg zu kommen.

Im März wird nur eine von Amsterdam und der Gegend von Cherburg gemeldet.

Im Mai sind alle Fundorte auffällig nahe der Heimat, auch die von vier einjährigen, also unreifen, von denen sich eine an der dänischen Grenze und drei an der Elbmündung herumtreiben. Sehr wichtig ist der Fund einer zweijährigen, offenbar selbst zum ersten Male brütenden Möve in der Molfseebrutkolonie bei Kiel.

So sehen wir, wie unsere Schleswiger Lachmöve alles in einem ist: Strand-, Strich- und Zugvogel, daß sie ihre Zugsinstinkte mehr und mehr verliert durch Anpassung an den Menschen, der sie füttert, und daß sie auf ihren Wanderungen feste Straßen: die Küsten und auch den Rhein-Rhoneweg benutzt. Die Hauptmasse überwintert in Frankreich, weniger in Deutschland, Holland, England, Portugal und Spanien. Die Lücke, die unsere Lachmöven lassen durch ihren Fortzug, wird nicht durch nordöstliche Artgenossen ausgefüllt, die vielmehr nach dem Mittelmeer ziehen, wohl aber durch einrückende Sturmmöven.

Fig. 7. Lachmöven, Weibchen vom Männchen Futter erbittend.

Nun zur Lebensweise und Nahrung der Lachmöve! Diese Art ist geschickter im Fliegen und Laufen als die anderen, aber mindestens ebenso ungeschickt im Tauchen. In kleinem Bogen schießt sie herab; es gelingt ihr aber nicht, tiefer als mit dem Kopf, höchstens bis zur Brust ins Wasser einzudringen. Daraus geht hervor, daß sie nur in äußerst seichten Gewässern, also Pfützen, gesunde, kleine Fische erwischen kann, in tieferem Wasser nur dann, wenn die Fische ganz an der Oberfläche spielen. Weil also eine solche Fischerei höchst unrationell ist und den Hunger selten stillen kann, so sieht man denn auch die Lachmöve selten fischen. Den allergrößten Teil ihrer Nahrung holt sie am feuchten Lande, wozu man auch das Watt rechnen muß, auf Wiesen und Äckern. Auf dem Wasser jagt sie so behende Tiere wie Fische wie gesagt nur dort, wo besondere Verhältnisse, meist an sich schon verderblich für die Tierwelt des Wassers, die Nahrung konzentrieren und erreichbar machen, d. h. also in austrocknenden Tümpeln, in Pfützen, seichten Buchten oder in „Schulen“ von schwärmenden Jungfischen. Oder aber sie findet ihre Nahrung auf dem Wasser als Schmarotzer des Menschen, denn sie verschmäht ebensowenig wie alle andern Möven irgend einen Abfall, sei es von einem Fischerfahrzeug, im Fischereihafen, an Dampfern oder gar an Kanalisationsmündungen. Als „Seekrähe" nimmt sie jedes Aas, jeden abgestandenen Fisch, kurz alles, was sie zerkleinern oder verschlingen kann. Das kann ihr manchmal schlecht bekommen, denn sie nimmt natürlich ebensogut als natürlich verendete auch vergiftete Mäuse und Ratten auf. So wurde einmal in den Dresdener Schleusen im April Rattengift gelegt. Zwei Tage danach fand man über 30 tote Lachmöven an den Elbufern und auf den Teichen der Umgebung. Die Untersuchung ergab, daß alle die vergifteten Ratten gefressen hatten. Diese Aasvertilgung muß man den Möven als erheblichen Nutzen anrechnen, sie reinigen Wasser und Ufer. Als Alles- und Abfallfresser gewöhnt sich die schmucke Lachmöve auch leicht ans Gefüttertwerden. Sie wird dabei von allen Möven am allerzahmsten und zutraulichsten, ohne doch ihre Vorsicht ganz zu verleugnen. Es ist ein

Fig. 8. Lachmöven auf der Alster.

ganz fremdartiger und unglaublicher Anblick, in Schleswig bei der Riesenbrutkolonie überall auf den Dächern, den Schornsteinen, den Höfen und auch Straßen die Schwarzköpfe sitzen zu sehen, wo sie auf die Schlächterei-, Eßwaren- und Küchenabfälle oder auf das ihnen von Tierschützlern extra bereitete Futter lauern. Auch weiß jeder, wie vertraut in Hamburg die allgemein beliebten „Alstermöven" im Winter sind. Vor 1891 überwinterten nur wenige, wohl alte Lachmöven an unseren Küsten, in dem folgenden strengen Winter aber begann man aus Spielerei diesen wenigen Vögeln Futter zuzuwerfen und in der Not reagierten die Vögel prompt darauf (vergl. Fig. 8.). Bald gewöhnten sich die Möven an das Füttern, und die Hamburger an die Möven, die von Winter zu Winter immer zahlreicher erschienen und immer zutraulicher wurden. Ja, sogar die Jungen, in denen der ererbte Wandertrieb noch fester sitzen mußte, blieben fortan manchmal hier. Heute zählen diese gefütterten überwinternden Lachmöven in verschiedenen Hafenstädten, auch in Rheinstädten, nach Tausenden.

Sobald sich aber anderes natürlicheres Futter bietet, rücken die Möven aus, und ihre Nahrungsverhältnisse werden ganz andere. Im Spätherbst und Winter findet man in den Mägen der notleidenden Lachmöven Abfälle, Vegetabilien, Aas und Fischreste. Erweckt aber der Frühling wieder das Insektenleben, so stürzen sie sich auf diese ihnen viel angenehmere Kost. In der Tat ist die Lachmöve von Natur vorwiegend Insektenfresser, wo es nur möglich ist. Selbstverständlich nimmt sie auch dann noch alles, was sich ihr bequem bietet, um den Hunger zu stillen: Man sieht sie dann auf Teichen umherschwimmen und das Wasser durchschnattern; sie schlägt sich den Magen voll mit tausenden von Mückenlarven, Hüpferlingen und Flohkrebschen. Alle Wasserinsekten, die sie irgend erwischen kann: Wasserkäfer, auch die größten Arten, Wasserwanzen, Libellen, Köcherfliegen usw. und all' ihre Larven, im Wasser verunglückte Landinsekten, alles nimmt sie mit Vorliebe und zieht ihre Jungen auch damit groß. Findet sie in einer Pfütze ein Fischlein, so heißt sie es natürlich auch mitgehen als seltene Abwechslung. Was aber Wasseroberfläche und Ufersaum bieten, reicht für die kolonieweise brütenden Massen nicht aus; sie suchen die Hauptmasse ihrer Nahrung auf dem Lande und brauchen das Wasser nur, um ihr starkes Trinkbedürfnis zu stillen. Maikäfer fressen sie mit Leidenschaft, greifen sie von den Bäumen, fangen sie im Fluge, lesen sie am Boden auf. Ebenso gierig sind sie nach seinen Larven, den Engerlingen, und darum sind sie die treuesten Begleiter des pflügenden Landmanns, der in ihnen unschätzbare Gehilfen findet. Dicht hinter dem Pfluge oder der Egge flattern und laufen sie her und holen sich die ausgeackerten Käferlarven und Käfer, Spinnen und Regenwürmer, fangen auch jede Maus, die sie erwischen können — mehrmals fand man je zwei in ihrem Magen oder Schlund. — Bei dieser ihrer liebsten Nahrungssuche ist sie toll vor Gier und Futterneid. Auf andern Äckern und Wiesen sucht sie Käfer, am Morgen Regenwürmer, Heuschrecken, Libellen und andere Insekten. Auch schwärmende Insekten fangen sie in der Luft mit großer Gewandtheit. Rohweder beobachtete einen großen Schwarm von Lachmöven in der Höhe bei dieser Beschäftigung, und zwei zum Beweis herabgeschossene hatten im Schnabel viele, zum Teil noch lebende schwarzbraune Ameisen (Formica fusca), und der Schlund war bis zum Platzen damit angefüllt.

Am Meeresstrande stellen sie hauptsächlich dem Fischerwurm (Arenicola piscatorum) auf dem Watt nach, nehmen aber sicher auch jedes andere Kleingetier.

Magenuntersuchungen sind bei dieser Art in Menge angestellt, natürlich wieder häufiger zu Herbst- und Winterszeiten, wo die Insektennahrung zurückbleibt, weil dann die Erlegung leichter ist, und weil zur Brutzeit niemand gern die dann sehr nützlichen Vögel abschießt. Alle Untersuchungen im einzelnen anzuführen, würde zu weitläufig sein; ich will nur die Resultate einiger detailliert publizierter Serien zur Kontrolle des eben Gesagten angeben: 17 von Professor Roerig untersuchte Ex. (nur 6 vom Sommer) hatten im Magen: 7 mal Fische, 3 mal Käfer, 1 mal Raupen, 1 mal Mausreste, 1 mal Haferkörner, 1 mal einige Weizenkörner, 1 mal Algen. Dr. Rey untersuchte 7 Expl. und fand in einem 9 Regenwürmer, in einem von Helgoland nur 2 Ohrwürmerzangen, in zwei von Bremerhaven, im Dezember natürlich, Fischreste, 2 mal Pflanzenfasern, einmal Saatspitzen. Die Kgl. Ungarische Ornithologische Zentrale fand in 3 ungarischen Stück vom 20. November natürlich Fischreste. (In Ungarn mit seinem fabelhaften Fischreichtum gibt es immer seichte Tümpel mit Massen dem Tode geweihter Jungfische!) Prof. Eckstein untersuchte 34 Expl., wovon 4 aus März und April, 5 aus dem Mai, 5 aus Juni, 2 aus Juli, 4 aus August, 1 aus September und 1 aus dem Oktober stammten, höchstens 8 davon von der Seeküste. Verzehrt hatten die Vögel: 2 mal Mäuse, 16 mal Fische, 19 mal Insekten, darunter Fliegen, Maikäfer und Engerlinge, Schnell-, Mist-, Dung-, Lauf-, Schwimm-, Schilf-, Blatt-, Rüssel- und andere Käfer, Schmetterlinge, Eulenpuppen, Ohrwürmer, Phryganiden, Libellen, 2 mal Schnecken oder Muscheln, 2 mal Samen und 6 mal andere Pflanzenreste, 11 mal Sand.

Die Lachmöve ist also zur Fortpflanzungszeit ein Landvogel, der großen Nutzen bringt und nur an Brutteichen schädlich wird. Außer an diesen wenigen Gelegenheiten erklärt sie auch Prof. Eckstein vom Fischerstandpunkt aus für eher nützlich als schädlich wie alle Möven. Auch Otto Hermann nennt sie in seinem Buche „Nutzen und Schaden der Vögel" als „überwiegend nützlichen Vogel, der geschützt werden sollte." Der Seefischer hat natürlich nichts von diesem Nutzen, der fast nur dem Landmann gilt; doch da der Vogel weder gesunde Nutzfische in irgend nennenswerten Mengen vertilgen, noch den Fischen ernstliche Nahrungskonkurrenz machen kann, so kann er dem Fischer gleichgültig sein. Im Gegenteil kann dieser aus einem mäßigen, d. h. rationellen Abschuß noch einen kleinen Gewinn herausschlagen. Natürlich ist ernstlich gegen jedes unrationelle Morden zu protestieren, wie es leider noch immer mittels Entenkanonen an allen Küsten und auf den Flüssen Frankreichs bis vor kurzem geübt wurde. Doch schreitet man jetzt auch dort dagegen ein. Der Seefischer hat hier, zumal er selbst nicht geschädigt wird, zum mindesten einigermaßen die Rechte des Landwirtes zu respektieren. Man vergesse auch nicht, daß die Summen, die durch die Eiernützung verdient werden, sich nach Tausenden von Mark berechnen.

4. Die Zwergmöve (Larus minutus Pall.)

Helgoländisch Stennpoal, auch Tünnsetter (= die auf Tonnen, Seezeichen, sitzt). Unsere kleinste, schönste Möve (vgl. Fig. 1 und 2 auf S. 2 und 3). Alte von März bis August mit kohlschwarzem Kopf, Junge bunt, Hauptkennzeichen: sehr geringe Größe, etwas mehr als eine Seeschwalbe, und schwärzliche Unterseite der Flügel. — Diese Art ist ein östlicher Vogel, der in Deutschland nur selten, regelmäßig nur auf dem Drausensee in Ostpreußen in einer kleinen Kolonie am westlichsten brütet, dagegen etwas häufiger in den russischen Ostseeländern. Sie ist wie die Lachmöve im Sommer ein Vogel der Binnengewässer, wo sie fast nur von Wasserinsekten, Libellen, Fliegen, Haffmücken, auch Weichtierchen, gelegentlich kleinen Fischen — es wurden Stichlinge und Weißfische gefunden — lebt, also nützlich ist. Nach der Brut im August fängt sie an zu streichen, und Ende September, Anfangs Oktober zieht sie gar nicht so selten über die Deutsche Bucht. Während ihr Vorkommen auf dem Meere sonst wenig bekannt ist, wird sie in Helgolands weiterer Umgebung regelmäßig im Herbst, im Winter und seltener im Frühjahr beobachtet. In kleinen Trupps schwimmt oder flattert sie unruhig über dem Wasser, stößt darauf nieder, aber immer nur bis zur Brust, und scheint immer eine genießbare Kleinigkeit für ihren kleinen Magen zu finden. Hier bei Helgoland wird sie sich jedenfalls auch an die kleinen Heringe und Sandspieren halten, wie die Seeschwalben. Eine am 3. November bei Helgoland erlegte hatte Fischreste (Art unbestimmbar) im Magen, eine vom 7. Oktober einen kleinen Hering. Rey, Roerig, König und Just untersuchten den Inhalt von 4 Magen und fanden 100 % indifferente Nahrungsbestandteile darin.

Bei ihrer sehr geringen Zahl — man sieht selten mehr als paar Dutzend — der kurzen Dauer ihres Aufenthaltes an unseren Meeren und bei ihrer unvergleichlichen Schönheit müssen wir sie in Deutschland als Naturdenkmal und unbedingt des Schutzes würdig betrachten.

5. Die Dreizehenmöve, (Rissa tridactyla L.).

Auch Stummel-, Winter-, Fischer-, Eis-, Haff-, schwedische-, isländische-Möve, Tarrok, Kutgejef (nach der Stimme am Brutplatz!) helgoländisch Müüsk, englisch Kittiwake genannt.

Kennzeichen s. oben; ähnlich der Lachmöve im Winterkleid. Junge schwarzgezeichnet; vierte Zehe nur als Stummel entwickelt; nur im Winter bei uns. (Vgl. Fig. 1 und 2 auf S. 2 und 3.)

Die Dreizehenmöve gehört dem hohen Norden an, wo sie in den berühmten Vogelbergen in ungeheuren Massen brütet und viel zum Unterhalt der Nordländer beiträgt. An der nordnorwegischen Küste, auf den Lofoten, Island, Faeroern, Farn-Islands brütet sie noch in Massen, südlicher seltener, und zwar an Englands Ostküste auf den Klippen von Flamboroughhead, an der Westküste der Scilly-Inseln, an der Westküste Irlands in der Grafschaft Kerry und — der südlichste Punkt — an Frankreichs Westküste in der Bretagne (48° N. B.) Sie brüten an steilen ohne Seil schwer oder gar nicht zugänglichen Felswänden und Klippen in riesigen Kolonien, die von den Einwohnern oft unter größter Lebensgefahr auf Eier, wohl auch mal Jungvögel genutzt werden und ihnen so eine oft unentbehrliche Nahrungsquelle sind.

Mitte August werden die Jungen flügge und verlassen dann mit den Alten die Brutplätze, vereinigen sich mit den Massen einjähriger, noch fortpflanzungsunfähiger Genossen und tummeln sich von da auf dem hohen Meer, wo die Einjährigen sich auch während der Brutzeit großenteils umhergetrieben hatten, während ein anderer Teil den Brutvögeln in der Nähe der Kolonien Gesellschaft leistete. Sonst ist diese Möve von allen Arten am meisten Hochseevogel. Daher geht sie schlecht und sehr selten, schwimmt und fliegt aber desto besser. Ihr Flug ist leicht, sanft und sehr ausdauernd. Vor allem charakteristisch ist ihre große Geselligkeit, die oft große Schwärme zusammenführt, und die auch durch ein kurzes Aufbrausen im Futterneid nicht ernstlich gestört wird. Um andere Möven kümmert sie sich dagegen fast gar nicht.

Ihre Zahl beträgt im Norden Millionen, zu uns kommen im November bis Januar Tausende, ohne sich aber an die Küsten recht nahe heranzutrauen. Mehr Strich- als Zugvogel weicht sie nur dem Eis und allzugroßer Kälte und folgt immer den Herings- und Sprottschwärmen. Ebenso regelmäßig begleitet sie alle Schiffe; den langsameren Ozeandampfern folgt sie, wie in einem Falle mittels Markierungen nachgewiesen, von Amerika bis zum Kanal, den Fischkuttern, Fischdampfern und Heringsloggern ist sie ein unzertrennlicher Begleiter; überall nimmt sie gierig die Abfälle, vielleicht auch manches von der Schraube betäubte oder getötete kleine Planktonwesen. Man sieht sie von Zeit zu Zeit sich niederlassen, im Schwimmen ein kurzes Schläfchen machen, um dann mit ruhigen raschen Flügelschlägen wieder das Schiff einzuholen. Wird mitten in der Nacht das Netz bei Laternenschein eingeholt: die Fischermöven sind auch im Finstern da, ihr leises Iw iw ertönt ringsum, und ihre weißen Gestalten huschen geisterhaft im Lichtschimmer. Auf das Geräusch und die Vorgänge beim Hieven sind sie großartig dressiert. War eben noch keine in der Nähe zu sehen, so kommen auf einmal, wenn die Netzwinde zu lärmen anfängt, von allen Seiten die Vögel an, bis eine ganze Wolke über dem Netz steht und sie die abtreibenden Fischchen oder die über Bord geschütteten Eingeweide und den Beifang verschlingen können. Besonders gierig sind sie, wie alle Möven und Seevögel auf Fischleber, wohl weil diese trantriefende Nahrung die beste Heizkraft im Organismus entwickelt. Bei diesen Gelegenheiten sind sie überaus vertraut, so daß man sie öfter mit Stöcken von Bord aus schlagen oder mit Kätschern fangen könnte. Auch mit gespannten Zwirnsfäden, die sie sich im Gegenfliegen um die Flügel wickeln, habe ich bei diesen Gelegenheiten die Vögel gefangen. Zumal im Herbst und Winter spielt diese Ernährung mit den Brosamen, die von des Menschen, des Fischers, Tisch abfallen, eine große Rolle, denn sie ist der Möve immer bequemer und sicherer als der eigene Fischfang.

Im übrigen ist die Dreizehenmöve mehr als alle anderen Fischfresserin und Fischfängerin. Zwar ist sie ebenfalls nicht im Stande ganz unterzutauchen, stürzt sich aber wie ein Stein herab und kommt so tief ins Wasser, daß nur Schwanz und Flügel noch hervorragen. Das macht ihr keine andere Möve nach. Immerhin ist sie noch auf oberflächlich schwimmende Fische angewiesen, doch kann sie sich als kleiner Vogel mit enormem Flugvermögen und ganz an das Hochseeleben angepaßt damit leichter ernähren als die andern größeren Möven. Natürlich müssen es immer kleine Fische sein, damit sie sie ganz verschlingen kann; ein Zerreißen ist ihr nicht so leicht möglich, wie den andern Arten. Deshalb beteiligt sie sich ja auch nur ausnahmsweise an den Kadaver- und Speckmählern, wie die andern Arten es an den Wal-Zerlegungsstellen so gern tun. Um so mehr schließt sie sich den lebenden Walen, Tümmlern, Raubfischen und Robben an, denn diese treiben bei ihren Jagden die Fische oft an die Oberfläche, wo sie dann der Möve zum Opfer fallen. Fast immer handelt es sich um Heringe, im Norden auch Lodden (Mallotus) und bei uns vielleicht auch Spierlinge (Ammodytes). Den Heringen folgt sie wie ihr Schatten. Sind viel Dreizehenmöven da, so kann man sicher sein, kleine Heringe anzutreffen. Durch diese Gewohnheiten sind diese Möven mehr noch als alle andern, zumal im hohen Norden, wo jene fehlen, die treuesten Freunde des Menschen. Zeigen sie doch an, wo Wale stehen, und melden sie doch die Ankunft der Robben- und Fischschwärme beim Lande den Robbenschlägern und Fischern an, ehe diese solche auch nur vermuten können.

Im hohen Norden an den Brutplätzen langen die kleinen Fische nicht immer aus; auch gibt es da mehr nahrhafte pelagische Tiere als in unsern Breiten. Sie leben also dort auch vielfach von den dort ungeheuer häufigen kleinen Krebstieren und vorzugsweise von den nahe an der Oberfläche des Wassers schwimmenden verschiedenen Arten der Ruderschnecken (Limacina arctica und Clio borealis, dem bekannten „Walfischaas"), die sie gegen den Wind schwimmend auflesen. Diese Pteropoden sind überhaupt ein bequemes gutes Universalfutter im hohen Norden, das den in unsere Breiten verschlagenen hochnordischen Seevögeln so sehr fehlt, daß viele, z. B. Eis-Sturmvögel, bei uns bald zu Grunde gehen. Auf der Bäreninsel fütterten die Möven nach Kolthoff ihre Jungen hauptsächlich mit Krabben. Er sah sie während einiger Stunden nicht ein einziges Mal Fische anbringen. Dagegen sah er auf König Karlsland bei mehreren Gelegenheiten kleine Polardorsche (Gadus saida) zutragen. König und le Roi untersuchten viele Mägen an den Kolonien von Spitzbergen und fanden meist jene Pteropoden, Crustaceen und Anneliden (Würmer), einmal nur Reste eines kleinen Fisches. Von Fischen fand Parry Gadus saida Lepech. und Mallotus villosus O. F. Müll. Viele bei Helgoland im November untersuchte Stücke hatten nur kleine Heringe im Magen und Schlund, zuweilen 5 bis 6 Stück. Ins Binnenland verschlagene Dreizehenmöven gehen regelmäßig durch Hunger elend zu Grunde. Süßwassertiere scheinen sie gar nicht aufzunehmen.

Obgleich die Myriaden dieser Möwen in den nordischen Meeren eine ungeheure Menge kleiner Fische vertilgen mögen, so denkt dort doch niemand daran, daß sie dadurch den Menschen Nachteil brächten. Und ebenso werden wohl auch wir denken müssen betreffs der Zehntausend, die in unserer Nordsee in den Wintermonaten Heringe fressen. Fängt man doch ohne Bedenken ungeheure Mengen der Jungheringe, oft nur, um Fischmehl daraus zu machen, oder sie als Dünger zu verwenden. Mancher Segler kommt dann mit einigen Millionen Fischchen an Land. Ein paar solcher Kutterfänge fressen die Möven während des Winters freilich auf, das kann nicht geleugnet werden. Es fragt sich aber, ob der Fischer diese Mengen mehr fangen würde, wenn die Möven nicht wären. Und das verneinen selbst Fischereisachverständige, die sonst den Möven nicht hold sind. Aber sei dem, wie ihm wolle, wenn eine Mövenart als fischfressend bezeichnet werden muß, so ist es diese.

Andrerseits gibt es keine Mövenart, die dem Menschen so viel Nutzen bringt wie diese. Sie nistet in ungeheuren Kolonien, wo die Bewohner des Nordens sich monatelang ihren Lebensunterhalt an Eiern und Jungvögeln holen. Bei uns aber werden Tausende von Mark umgesetzt und verdient durch kleine Fischer mit der Jagd dieses Vogels. Die Jagd ist sehr leicht und ergiebig, indem sich eine Möve nach der andern herunterknallen läßt, oft bis fast auf das letzte Stück. Fällt eine, so kehren die andern immer zurück und schweben über ihr, sei es aus bloßem Geselligkeitstrieb, sei es, daß sie meinen, der Kamerad sei nach Futter niedergestoßen, sei es, daß sie den Feind verjagen wollen, wie sie es am Brutplatz zu tun versuchen. Diese Jagd wird von der Elbe und von Helgoland aus in ausgedehntem Maße von kleinen Booten seitens der Fischer betrieben, um die Bälge zu Modezwecken und das Fleisch zum Essen zu verwerten. Es ist daraus eine besondere „Möveninduſtrie" geworden, die erheblichen positiven Gewinn bringt. Es werden an beiden Stellen in jedem Winter je nach Gelegenheit und nach der gerade herrschenden Mode verschiedene Mengen, immer aber nach Tausenden zählend, angebracht, und dem Schützen mit 50 Pf. pro Stück bezahlt. Dann braucht es viele flinke Hände, die Vögel abzubalgen, die Bälge zuzubereiten und zu Hutschmuck, Damenhüten, Baretts, Muffen und allerlei „Andenken“ umzuwandeln. Schließlich gehen die fertigen Präparate nach den Großstädten oder werden auch auf Helgoland verkauft. So bringen diese Möven Tausende von Mark unter die Leute. Und auch die Körper der Vögel werden, wenigstens auf Helgoland, sehr gern gegessen, früher oft in Form einer originellen Pastete aus Gerstengrütze und Möven in abwechselnden Schichten und alles zusammen im Backofen geschmort. Übrigens schmeckt die Dreizehenmöve ebenso wie alle andern Möven durchaus nicht besonders tranig, wenn man sie mit Zwiebeln gefüllt brät oder schmort. Natürlich kann man auch die Federn ausgezeichnet zur Bettfüllung benutzen.

So bringt grade die Art, der man am ehesten einen Schaden zuschieben könnte, auch den meisten Nutzen, der jenen wohl sicher überwiegt. Gegen diese Nutzung im jetzigen Umfange ist nichts einzuwenden, da sie rationell ist und den Fortbestand der Art nicht gefährdet. Und ein Abschuß an den hochnordischen Brutplätzen — der sehr rasch zum Ruin führen würde — ist nicht zu befürchten, da die Vögel dann nicht zu verwerten sind und die Anwohner sich sehr dagegen verwahren würden; denn ihnen würde die Existenzmöglichkeit dadurch sehr stark beeinträchtigt.

6. Die Mantelmöve, (Larus marinus L.).

Auch genannt: Große Herings-, große Fisch-, Riesenmöve, Schwarzmantel, helgoländisch: Groot Manteldrager.

Unsere größte Möve, im Alter mit schwarzem Rücken und Oberflügel, in der Jugend braungefleckt wie junge Silbermöven, von diesen dann nur durch die Größe zu unterscheiden. An Größe kommt ihr nur die seltene, sehr helle und mit weißen Flügelspitzen versehene Eismöve gleich.[1])

Die Mantelmöve ist eine nordische Art, die an allen nordischen Küsten und Inseln Europas brütet, aber nie in großen Haufen beisammen. In der Ostsee brütet sie nicht südlicher als im Bottnischen und Finnischen Busen, in Schottland und Irland noch regelmäßig, in England nur mehr in einzelnen Paaren. Sie ist nirgends recht in Massen vorhanden.

Sie ist durchaus Seevogel und hält sich von allen großen Möven am meisten auf hoher See auf, geht auch am weitesten hinaus, wo man sie dann oft nur noch in Gesellschaft der Dreizehenmöve sieht. Nach der Brutzeit fängt sie an, langsam südwärts zu bummeln. Einzelne aus irgend einem Grunde nicht brütende alte und noch nicht ganz reife Exemplare sieht man auch im Sommer bei uns, im Herbst und Winter aber ist sie eine gewöhnliche, wenn auch selten recht häufige Erscheinung, am meisten noch bei stürmischem Wetter — wo sie Landschutz sucht — bei Helgoland und auf der Außenelbe, oder im März, wo sie sich zusammenscharen, um in die Heimat aufzubrechen, oder bei den Heringsflotten in den englischen Gewässern. Gegen hundert Stück war das meiste, was ich beisammen konstatieren konnte, und zwar rastend auf der Helgoländer Düne.

Sie ruht viel auf dem Wasser, selbst bei stürmischer See, ihr Flug scheint langsam und träge, ist aber ausdauernd und keineswegs schwerfällig. Was ihr an Gewandtheit fehlt, ersetzt sie durch Kraft. Sie trotzt den ärgsten Stürmen, so lange es ihr gelingt, dem Winde die Spitze zu bieten. Schließlich kann es aber auch ihr, dem stärksten unserer Seeflieger außer dem Baßtölpel, mal passieren, daß sie der Wind von der Seite oder von hinten packt und sie die Herrschaft verliert. So ward einst auf Helgoland bei einem Sturm vor Augenzeugen eine alte Mantelmöve gegen ein Seezeichen an der Klippenkante geworfen, daß sie tot niederfiel. Sonst sucht sie, wenn es ihr zu toll wird, Schutz dicht über den Wellen, so daß sie dann wie ein Sturmvogel in einer langen Schlangenlinie immer auf und ab schwebt, ohne sich von den Wellenspitzen erreichen zu lassen. Beim Fressen ist sie gierig, gefräßig und neidisch, was ja nur natürlich ist bei einem so großen Vogel von solchem Nahrungsbedürfnis. Von allen Arten erweist

[1]) Vgl. Fig. 1 und 2 auf S. 2 und 3.

sie sich beim Zank ums Futter am stärksten. Sie ist daher auch nicht so sehr gesellig als andere Arten, duldet auch die jüngeren Exemplare — sie wird erst im vierten oder fünften Lebensjahre fortpflanzungsfähig — nicht gern bei sich, die man darum meist für sich oder in Gesellschaft von Silbermöven trifft.

Die Mantelmöve gehört zu den scheuesten ihrer Gattung, verliert auch an guten Futterplätzen weniger ihre Vorsicht als andere Arten. Am Nest stößt sie dagegen tollkühn auf den Störenfried. Der Mensch tut ihr nicht allzuviel Abbruch, weil er es nicht kann, mehr wird ihr wohl ihre geringe Vermehrung — nur der vierte bis fünfte Teil brütet und nur 2—3 Eier! —, ihr großes Futterbedürfnis und ihre Lebensweise auf stürmischen Meeren gefährlich. Eine fand ich tot am Strande, deren Lunge krankhaft verändert war; die Ursache davon konnte nicht festgestellt werden, sie hat aber gewöhnlich viel Innenparasiten.

Die Mantelmöve ist auf dem Meere dasselbe, wie der Kolkrabe auf dem Lande: Aas- und Allesfresser und Räuber. Im Fischfang ist sie ungeschickter als irgend eine

Fig. 10. Unterwasseraufnahme einer tauchenden Mantelmöve.
Die Abbildung zeigt, daß die Möve nicht tiefer tauchen kann.[1])
(Aus der Zeitschrift „Kosmos", Jahrgang 1913, Heft 1.)

ihrer Verwandten; sie ist zu groß, und das kraftvolle Niederstoßen bis zur Brust ins Wasser ist nur zu oft ein Fehlstoßen (vgl. Fig. 10). Bei stümenden Heringsschwärmen macht natürlich auch sie ihr Geschäftchen, denn diese Fische kann dann auch der größte Tölpel fangen. Sonst nimmt sie auch manchmal den geschickteren Fischfängern ihre Beute weg. Auf hoher See rechnet sie hauptsächlich mit den Abfällen der Schiffe und ist darum nächst der Dreizehenmöve am häufigsten bei den Fischerfahrzeugen, ganz besonders bei den Heringsloggern, ständiger Gast. Aus demselben Grunde trifft man sie stets auf den Mündungen der großen Flüsse mit sehr lebhaftem Schiffsverkehr, z. B. bei den äußeren

[1]) Siehe auch S. 10.

Feuerschiffen auf der Elbe. Auf der Nordsee mit ihrem größeren Verkehr, Fischreichtum und ihrer Wattenküste ist sie darum auch viel häufiger als auf der Ostsee, und es mögen schon ein paar tausend im Winter zusammenkommen. Wenngleich sie als gewaltiger Flieger auch die hohe See besser auszunutzen versteht als andere Arten, so findet sie doch am Strande und im Watt leichter eine mannigfaltige Nahrung, freilich nicht in so ganz geruhiger Sicherheit als draußen und in stärkerer Konkurrenz andrer Arten. Hier sucht sie dann nach gestrandeten Fischen, Äsern und sonstwie genießbarem Strandgut. Der Verwesungsgrad ist ihr gleichgültig. Allen, auch den größten Körpern, wie Walfisch- und Robbenkadavern, versteht sie mittels ihres starken Hakenschnabels beizukommen. Kleinere Kadaver, wie Mäuse, Ratten, verschlingt sie mit Haut und Haar, kleine Vögel samt allen Federn. Bei Ebbe kann sie auch am ehesten noch mal Fische erwischen; sie macht sich dann sogar an größere Arten wie den Seehasen oder Lump (Cyclopterus lumpus) heran, wie man häufig bei Island beobachtete. Bei Ebbe nimmt sie auch jedwedes Getier auf, was ihr vor den Schnabel kommt: Krabben, Weichtiere, Würmer, Schnecken und Muscheln, von denen sie die kleinsten mit der Schale verschluckt, größere wie Venus islandica, Pecten u. a. nur aushackt. Da diese Möven sehr viel brauchen, eine rasche Verdauung haben und nichts verachten, werden sie auf hoher See sicher auch alle einigermaßen lohnenden Planktongeschöpfe, als Quallen, Pteropoden und Krebschen aufnehmen, womöglich gar Noctilukenbrei[1]) — was natürlich schwer nachzuweisen ist im Schlund und Magen; doch sieht man die Vögel manchmal immerzu ins Wasser langen und schlucken und findet ölige Flüssigkeiten im Magen.

In der Fortpflanzungszeit macht sie es sich bequem, indem sie fürchterlich unter allen im Umkreis nistenden Seevögeln haust, und deshalb brütet sie auch meist in deren Nähe. Sie holt sich dann einfach nach Bedarf Eier und kleine Junge für sich und ihre eigenen Jungen weg. Namentlich plündert sie auch die Nester der Eiderente und raubt ihr zahlreiche Junge, die sie ganz verschluckt. Die Eier, besonders die der Alken und Lummen, trägt sie im Schnabel zu ihrem Nest und säuft sie da aus. Sie ist in dieser Hinsicht noch schlimmer als die doch anscheinend gleich starke Eismöve und nimmt sogar dieser frech ihren Raub ab. Konservator Grieg sah, wie eine Mantelmöve eine erwachsene Gryllumme anfiel und tötete. Dasselbe tut sie mit allen angeschossenen oder kranken Vögeln jeder Größe, und sie ist es wohl vorzugsweise, die die zahlreichen Opfer des Wetters unter den Zugvögeln bei ihrem Überseeflug aufräumt.

Einige Magenbefunde, 4 von Rörig, 4 von Rey, 3 von Hagmeyer, seien angeführt: 1. Emden, 25. II. Taschenkrebsreste, 2. Groß-Schönebeck a. E. 13. III. nichts, 3. Juist, 19. III. Reste einer wohl angeschossenen Ente, 4. Dito, Fischreste, 5. Helgoland 19. XII, im Magen viel gelbes Öl und ganz kleine Knöchelchen (wohl von einem verunglückten Zugvögelchen), sowie einige Eierschalenfragmente, wohl auf den verlassenen Möven-Brutplätzen der Inseln aufgelesen, der Kropf strotzend gefüllt mit Milch von Fischen in Heringsgröße, aber keine Spur von Schuppen oder Gräten, also wohl am Fischerfahrzeug geholte Eingeweide. 6. Helgoland 30. XII. nur faule Fleischreste, ein walnußgroßes Stück Speck und sieben Stücke Steinkohlenkoks. 7. Helgoland 6. I. tot aufgefunden, im Magen nur einige entkalkte Knochenreste und ein Stückchen Schulp einer kleinen Sepia, 8. Altona, 23. X. nur Fischreste, aber keine Schuppen, also nicht selbst gefangen. 9. Cuxhaven 23. XI. sehr wenig Reste eines kleinen Fisches und paar kleine Stückchen Pflanzenreste. 10. Helgoland, 25. XI. ein großes Stück Brot und zwei Beine der Seespinne (Hyas), die nur am Grunde lebt und deshalb von der Möve nur an einem Fischerfahrzeug gefunden sein konnte, wo man diesen Krebs als unbrauchbaren Beifang wegwirft. 11. dito, Reste kleiner Plattfische, sicher von Fischerfahrzeugen.

Die meisten Gräten, Muschelschalen und einzelne Stückchen von Krebsschalen verdaut sie ebensowenig wie die Silbermöve, gibt also Gewölle von sich. Leege fand auf Juist solche Gewölle der sich im Sommer in einzelnen Exemplaren dort herumtreibenden

[1]) Das sind die oft zu breiartig dichten Massen vereinigten kleinen Leuchttierchen unserer Meere.

Mantelmöve. Sie waren daumendick und daumengliedlang und bestanden aus Schalenstückchen der Miesmuschel (bis 4 und 6 cm Länge), der Herzmuschel, der Mactra stultorum und vielleicht einer Pholasart. Eins der Gewölle enthielt große Scheeren der Strandkrabbe (Carcinus maenas). Im Herbst frißt sie nach Collett teilweise Beeren (wie die Silbermöve) besonders von Rubus chamaemorus.

Das Fischfangen an und auf dem Meere braucht man ihr wohl nicht zu mißgönnen, es kommt ernstlich nicht in Frage. Daß sie alle Abfälle und die unzähligen abständigen Fische und Kadaver, die antreiben, wegräumt, ist eher ein Verdienst. Sie schadet aber mittelbar durch ihre Räubereien in den Vogelbergen, die den nordischen Völkern einen großen Teil ihres jährlichen Unterhaltes gewähren, indem sie vielen Vögeln dort ihre Eier und Junge raubt; doch ist auch dieses nicht von großem Belang. Auf den Färöer allerdings soll sie sehr schädlich werden, sie benimmt sich da ganz wie ein Raubvogel, tötet Gänse und kleinere Vögel, ja sogar kleine Lämmer, wenn sie krank sind. Man schießt sie dort deshalb ab.

Ihr Fleisch wird wenig geachtet. Selbst der Helgoländer mag alte Mantelmöven nicht gern essen, und das will was heißen; aber ihre Eier sucht man wie die aller andern Möven. Ihre Federn kommen den Gänsefedern fast gleich und werden stellenweise hochgeschätzt. Mit ihrer herrlichen Gestalt und Färbung bilden sie einen großen Schmuck der Küsten und Meere.

Für unsere Fischerei ist die Mantelmöve praktisch bedeutungslos, doch mag man sie immerhin schießen, wo man sie verwerten kann. Sie nur zu töten und verfaulen zu lassen, sollte man verschmähen. Die Jagd ist übrigens nicht grade leicht.

7. Die Heringsmöve (Larus fuscus L.)

Auch genannt: Gelbfüßige Möve, kleine Mantelmöve, lett Manteldrager, Bürgermeister, große Haffmöve.

Eine Mantelmöve im Kleinen, knapp von der Größe der Silbermöve, Füße aber hellgelb im Alter, im ganzen schlanker, Flügel verhältnismäßig länger (vgl. Abbildung Fig. 1 h auf Seite 2).

Auch sie ist eine nord- und vor allem westeuropäische Art. Die Küste von Norwegen bis zum Polarkreis hinauf scheint eine ihrer häufigsten Brutstätten zu sein; auch brütet sie an den Küsten Schwedens und Finnlands (hier auch an den größeren Binnenseen). In Dänemark brütet sie wohl kaum, dagegen ziemlich häufig von den Faeroern südwärts bis zum nördlichen und westlichen England und Irland. Man findet sie aber auch brütend an den Küsten Frankreichs, Spaniens, des Mittelmeers, des Schwarzen und Roten Meers. Auch sie ist nirgends eine besonders häufige Art; an unseren Küsten ist sie außerhalb der Brutzeit mehr in der Ost- als in der Nordsee zu finden und viel mehr an der Küste als auf hoher See, z. B. kommen bei Helgoland jährlich nur einzelne alte Stücke vor, manche Jahre gar keins; und an der Küste sah ich mit Sicherheit nur im Geestemünder Fischereihafen ein paar. Am meisten überwintert sie an den Küsten der Britischen Inseln. Es ist eigentlich schwer zu begreifen, warum diese Art jetzt bei uns beinahe selten in der Nordsee ist, wo sie doch in der Ostsee recht häufig vorkommt. Früher sind die Heringsmöven nach Literaturangaben an der deutschen Nordseeküste dann häufig gewesen, wenn Heringszüge vor die Elbe kamen. Es mögen aber auch da noch viele Verwechslungen mit der Mantelmöve unterlaufen sein. Es scheint, daß die in Finnland erbrüteten meist schon in der Ostsee überwintern, die schwedischen aber vielleicht durchs Skagerrak die Nordsee gewinnen. Die Markierungen von durchziehenden jungen Heringsmöven in Rositten scheinen das zu bestätigen; doch liegt die Sache noch nicht ganz klar. Von 15 wiedererlangten, von Ende August bis Oktober dort markierten Heringsmöven wurden in Ostpreußen 9, in Westpreußen 4, in Pommern 1 erlegt oder gefunden, alle vor Mitte November. Von später liegen aus unseren Meeren keine Daten vor, nur ein einziger Fall stammt vom (9.) Dezember und ist fast unglaublich. Dieser Vogel ward in Kalabrien, Süditalien, erbeutet. Nimmt man den wahrscheinlichsten Weg rings um Westeuropa herum an, so ist das eine ungeheure Wanderung für eine Möve und spräche ganz gegen unsere obige Ansicht. Wenn alle auch nur halb so weit zögen, dann müßten wir die Art viel häufiger an unseren Nordseeküsten haben. Oder zieht sie so rasch durch? Jedenfalls spielt sie an der Nordseeküste gar keine Rolle, an der Ostsee dagegen vertritt sie einigermaßen die Silbermöve, ist aber viel weniger häufig. Bisher war man der Ansicht, daß sie durchaus nicht weiter zieht als die Mantelmöve und dieselben Winterquartiere habe wie diese. Wäre sie so häufig an der Nordsee, wie es in den Büchern steht, so würde sie, die viel vertrauter und weniger scheu ist als die Mantel-, ja sogar als die Silbermöve, auch viel öfter geschossen werden und somit zur Kenntnis kommen.

Die Heringsmöve ist viel geselliger als die Mantelmöve und viel gewandter. Beim Fischfang durch Stoßtauchen auf hochgehende Fische, meist wieder Heringe, stellt sie sich geschickter an als jene und folgt darum den Fischzügen getreulich. Bei den Heringszügen in Norwegen wird sie vor Gier manchmal dummdreist und stiehlt den Fischern die Heringe unter der Hand aus den Netzen und von den Salz- und Trockenplätzen. Wie gesagt, hält sie sich aber auch mehr an die Küste als die Mantelmöve. Am Strande nimmt sie all das, was auch Silbermöven fressen. Von ihren Nistplätzen aus streifen sie weit ins Land nach Wiesen und Äckern und benehmen sich hinter dem Pfluge wie Sturm- und Lachmöven, was eine Mantelmöve natürlich nie tun würde. Dadurch sind sie nützlich. Der Heringsraub spielt in unsern deutschen Meeresteilen bei ihrer geringen Zahl keine Rolle, die Norweger aber, denen sie lästig werden könnten, gönnen ihnen den Tribut zum Dank dafür, daß sie ihnen das Kommen der Heringsschwärme anzeigen. Auch werden ihre Brutplätze rationell auf Eier genutzt.

Alle übrigen Mövenarten sind bei uns viel zu selten, um wirtschaftlich irgend eine Rolle zu spielen. Auch weicht ihre Lebensweise kaum von der ihrer nächsten Verwandten ab.

8. Die Raubmöven.

Alle Raubmöven sind ohne weiteres kenntlich durch ihre ganz dunkelbraune Färbung, höchstens ist die Unterseite weiß. Biologisch erkennt man sie oft an ihrem Nahrungserwerb: sie jagen gewöhnlich andere Möven oder Seeschwalben, Lummen, Enten, ja sogar Baßtölpel, solange, bis diese ihre eben gemachte Beute fallen lassen oder auswürgen, die dann noch im Fallen von den Raubmöven aufgefangen wird. Der Fischer, der den Vorgang falsch deutet, nennt darum in fast allen Ländern diese Vögel Kotjäger, bei uns in Helgoland „Skeetenjoager". Sieht man in großer Ferne eine Möve in wilder Jagd, auf und ab wogend, verfolgt von einer andern, so weiß man, daß da eine dieser Gattung ihr Unwesen treibt.

Es kommen bei uns vier Arten vor, an Größe alle verschieden. Die größte und kleinste sind sehr selten. Sehr groß, mindestens wie eine Silbermöve, mit einem scharf-umgrenzten handtellergroßen Fleck auf der Mitte des Flügels: das ist die sehr seltene Riesenraubmöve. Alle anderen haben die beiden mittleren Schwanzfedern verlängert, in der Jugend wenig, im Alter deutlicher. Sind diese beiden Federn an der Spitze abgerundet, oder verdreht (und etwas verlängert), so ist es die Rundschwänzige, sind sie scharf zugespitzt oder im Alter bedeutend, bis fingerlang, verlängert, so ist es die Spitzschwänzige oder Schmarotzer-Raubmöve, die auch etwas kleiner und eleganter ist als die vorige. Beide sind die häufigsten. Ist der Vogel sehr klein, mit sehr zierlicher Figur und Schnabel und im Alter manchmal spannenlang verlängerten Schwanzfedern, so ist es die seltene Lanzettschwänzige oder Zwergraubmöve. Die drei kleineren Arten haben im Alter alle helle Unterseite und Hals.

Alle Arten sind nordische Vögel, und nie so häufig wie die Möven. Meist brüten sie in kleinen Kolonien, oft in der Nähe anderer Seevögel an Land und halten sich dann aber auf See immer dort auf, wo auch andere Möven sich finden. Im Winter kommen sie in geringer Zahl — man sieht sie bei uns stets nur einzeln oder zu zweien — in unsere Meere, den Möven folgend. Ihr Flug ist überaus gewandt und unstät, und daran sind sie von weitem kenntlich. Die großen Arten töten manchmal kleinere Vögel und verzehren sie, sie spielen also auf dem Meere die Rolle der Bussarde, die auch nur selten lebende Vögel schlagen, andern Raubvögeln aber ihre Beute abjagen oder von Kaltblütlern leben. Trotz ihrer großen Fluggewandtheit sind sie am ungeschicktesten im Stoßtauchen, also im Fischen, eben daher ihre Lebensweise, ihr Parasitismus, weil sie doch gerade Fische gern fressen und außer als Aas anders kaum bekommen können. Im übrigen nehmen sie am Strande alles, was auch andere Möven fressen und ernähren sich im Norden vielfach an Land von Insekten und deren Larven genau wie Lachmöven. Bei uns sieht man sie nur auf See, wohl kaum mal am Strande. Alle sind sie weniger scheu als andere Möven und in ihrer Gier, z. B. nach Abfällen an Fischerfahrzeugen, oft dummdreist. Alle Arten spielen für uns wegen ihrer geringen Zahl wirtschaftlich keine Rolle.

Zwergraubmöve — Schmarotzerraubmöve
alt — jung — jung — alt
Riesenraubmörc — Rundschwänzige Raubmöve
jung — alt

Fig. 11. **Raubmöven.**

a. Die Riesenraubmöve, (Stercorarius skua, Brünn).

Meist Skua genannt. Die plumpeste aller Raubmöven, aber auch die stärkste. Sie ist schon sehr selten, am häufigsten noch in Island, wo an der Südküste vielleicht noch 1000 Paare brüten, wenn es noch so viele sind. Sonst brütet sie nur noch in wenigen Paaren geschützt auf der Insel Unst (Shetlands), früher auch auf den Faeroern. Zu uns kommt sie nur mehr sehr selten. Das Helgoländer Museum besitzt jetzt 5 Expl. von dort, außerdem ist sie seit 70 Jahren nur noch ein paar mal vorgekommen. Die Isländer ziehen in die englischen Gewässer zum Überwintern. Es ist ein raubgieriger Schmarotzer, der in der Brutzeit auch manchen kranken Vogel bis zu Entengröße mit seinem starken Hakenschnabel tötet. Ich sah sie vor Island am Fischdampfer Abfälle holen wie alle andern Möven. Wegen ihrer überaus geringen Zahl und in Rücksicht darauf, daß sie dem Aussterben unaufhaltsam näher kommt, müssen wir diese große Raubmöve als Naturdenkmal zu erhalten suchen. Ein Unrecht an der Natur wäre es, sie vor Island von den Fischdampfern aus zum Sport herunterzuknallen.

b. Die Rundschwänzige Raubmöve, (Stercorarius pomarinus, Tem.)

Auch genannt Mittlere, Breitschwänzige-, Kugelschwänzige-, Spatelraubmöve. Die beiden mittleren Schwanzfedern sind nie mehr als 2 ½ cm verlängert, meist weniger, und nie zugespitzt. Bei den Alten dreht sich öfter das letzte Endchen dieser Federn um 90°, so daß es dann senkrecht zur übrigen Schwanzfläche steht. Von weitem kann es dann aussehen, als ob am Schwanz eine Kugel hinge. Die Größe variiert ziemlich wie noch mehr bei der folgenden Art.

Sie brütet von der oberen Küste Norwegens (dort selten) an, ostwärts häufig in der Tundra Nordeuropas und Sibiriens. Viele ziehen um das Nordkap herum in die englischen Gewässer, manchmal in Scharen und halten sich dabei hauptsächlich an die Heringsflotten, d. h. an die diese begleitenden Mövenscharen. Auf den Meeren machen sie sehr weite Flüge, zumal die ein- und zweijährigen noch nicht geschlechtsreifen. Deshalb findet man sie auch im Sommer in allen nördlichen Meeren bis weit in den Atlantik hinein. Wird sie ins Binnenland verschlagen, so hält sie sich merkwürdigerweise nicht ans Wasser, sondern lebt auf Feldern von Insekten und Würmern, in Heiden von Beeren. Auf unseren Meeren ist sie im Herbst regelmäßiger, aber nicht eben häufiger Gast, doch sind es fast ausschließlich Junge. Alte sind sehr selten, zumal im Frühjahr sieht man kaum eine dieser Art.

Die rundschwänzige Raubmöve bedrängt bei uns sogar die Silber- und Heringsmöven, und diese starken Vögel opfern ihr ihre Beute. Sie selbst kann nur gänzlich ermattete oder tote Fische aufnehmen, frißt auch kleine Kruster und Schaltiere, Würmer und Aas. Oberflächlich schwimmenden Walfischen liest sie die zahlreichen auf der Haut lebenden Schmarotzertiere ab. Zur Brutzeit raubt sie natürlich mit Vorliebe Eier und Jungvögel; in der Not tötet sie auch Alte. In der Tundra lebt sie größtenteils von Lemmingen.

c. Die Spitzschwänzige oder Schmarotzerraubmöve, (Stercorarius parasiticus, L.).

Auch genannt: Fasanmöve, Struntmöve, Struntjäger, Polar- oder Polmöve, arktische Möve, Mövenbüttel, Scheißfalke, Nordvogel, Labbe, Jodieb, Johann. — Kleine junge Exemplare sind leicht zu verwechseln mit großen der seltenen Zwergraubmöve, große mit kleinen der vorigen Art, letzteres aber nur, wenn man nicht auf die Zuspitzung oder Abrundung der mittelsten Schwanzfedern achtet. Diese Art ist im Herbst von allen die häufigste, bei uns zwar nicht eben zahlreich, aber doch vielleicht noch eher als die vorige. Im Frühjahr sieht man nur wenige, alte überhaupt immer selten. Vor Island dagegen ist sie, alt und jung sehr gemein. Sie brütet an allen nordischen Küsten südwärts bis zum Bottnischen Meerbusen und in Schottland bis etwa 55° 45′ n. Br. Nach der Brutzeit zerstreuen sie sich über alle Meere, manchmal sehr weit südwärts (sogar bis Neuseeland und Rio de Janeiro), ohne richtige Zugvögel zu sein. Trotzdem ist auch sie nie in großen Scharen anzutreffen und lange nicht so volkreich wie die Möven.

Auch sie ist typischer Meeresvogel, der sich gleichwohl öfter ins Binnenland verirrt, wie sie auch ein Stück landein brütet. Süßwasser sagt ihr ebensowenig zu wie der vorigen. Ihre Lebensweise ähnelt so sehr der der vorigen, daß wir nicht näher darauf einzugehen brauchen. Mit Vorliebe schikaniert diese Art die Seeschwalben.

d. Die Lanzettschwänzige oder Zwergraubmöve, (Stercorarius cepphus, Brünn).

Wie die vorige genannt, nur mit Vorwort: die Kleine. Der Schwanz wird bei ihr im Alter erstaunlich lang. Junge sicher nur an den Maßen von denen der vorigen

Art zu unterscheiden: Schnabel kürzer als 35 mm, zusammengelegter Flügel unter 330 mm lang. Diese zierliche Art brütet noch nördlicher als die andern, nämlich selten südlich des Polarkreises: auf Spitzbergen, an allen Eismeerküsten Europas, Asiens und Amerikas, weniger in Grönland und selten auf Island und an der Küste Norwegens. Nach der Brutzeit streift sie südlicher, aber nicht so weit wie die andern Arten, und ist darum in der Ost- und Nordsee ziemlich selten. Ihre Vermehrung ist gering (nur 2 Eier wie bei der vorigen Art), ihre Zahl im ganzen überhaupt nicht allzu groß.

Sie lebt wie ihre größeren Verwandten, nur daß sie sanfteren Naturells ist als jene und nie auf dem Raube von Vögeln, dagegen wohl von Lemmingen und Mäusen ertappt wurde. Zur Brutzeit lebt sie ziemlich friedlich mit andern Vögeln zusammen und hat die Eigenart, die Insekten ihrer hochnordischen Heimat zu dezimieren. Auch nimmt sie gern Beeren und andere Pflanzenstoffe auf und auf dem Meere viele kleine Krebstierchen.

Zusammenfassung über alle Möven und Raubmöven.

Die Möven spielen demnach auf dem Meere und an seinen Küsten die Rolle der Geier, Raben, Krähen und Bussarde. In ihrer Geierrolle — Aas wegzuräumen — sind sie nützlich. In den andern Rollen wären sie im Binnenlande unbedingt mehr schädlich als nützlich; an und auf der See aber sind sie zum mindesten indifferent, solange die Ausnutzung des Meeres seitens des Menschen nicht ebenso rationelle Formen annimmt wie bei der Binnenfischerei. In der Tat kann die Schar der Möven, die an und auf unsern Meeren normalerweise keine Viertelmillion Stück im Maximum ausmachen dürfte, keinen Schaden anrichten, der als solcher merk- und erkennbar wäre.

Mindestens die Hälfte aller Mövennahrung setzt sich überdies aus andern Tieren als Fischen zusammen, und dadurch werden die Vögel vielfach nützlich, nie aber schädlich, da bei der Art der Nahrung von einer Nahrungskonkurrenz für die Fische im Ernst nicht die Rede sein kann. Auch eine Verbreitung von parasitären Fischkrankheiten, wie sie fischfressende Vögel in räumlich beschränkten Binnengewässern als Zwischenwirte bewirken, kommt im weiten Meere absolut nicht in Frage.

Ein Schaden ist also positiv keinesfalls nachzuweisen, dagegen ein sehr erheblicher Nutzen, der nach Zehntausenden von Mark anzusetzen und auch nachzuweisen ist, der allerdings meist den nordischen Völkern und den Bewohnern der Küstenstriche zu Gute kommt, aber auch unsern Fischern insoweit, als aller eingebildete oder der minimale wirkliche (Zerreißen einzelner Reusen oder Netze!) Schaden dadurch ausgeglichen und überholt wird. Eine Quelle großer Gewinste werden die Seevögel bei uns nie werden, und das ist gut so, denn ihre ästhetischen Werte sind zu kostbar für uns, als daß sie um relativ unbedeutenden materiellen Vorteils willen geopfert werden dürften.

www.ingramcontent.com/pod-product-compliance
Lightning Source LLC
LaVergne TN
LVHW080757300926
849162LV00008BA/1834